LA QUÍMICA
ES BUENA

LA QUÍMICA ES BUENA

Gianni Fochi

LIBSA

*A mi mujer Anna, que después de 35 años de matrimonio
todavía es capaz de convivir con mi profesión y con mis intereses artísticos,
culpables de mi descuido con las obligaciones de la vida doméstica.
Y a mis hijos Ranieri y Filippo, que comparten y aligeran mis pecados familiares por
omisión al olvidar también ellos las cosas que a Anna apremian.*

© 2022, Editorial LIBSA
Puerto de Navacerrada, 88
28935 Móstoles (Madrid)
Tel.: (34) 91 657 25 80
e-mail: libsa@libsa.es
www.libsa.es

ISBN: 978-84-662-4129-8

Derechos exclusivos de edición para
todos los países de habla española.

Traducción: Elvira Jaén Pérez

Título original: *La chimica fa bene*

© Gianni Fochi, MMXXI, Giunti Editore, S,p.A, Firenze-Milano

Maquetación: Javier García Pastor

DL: M 23584-2021

Impreso en España/*Printed in Spain*

CONTENIDO

Introducción
CÓMO AMAR LA QUÍMICA DEFENDIÉNDOSE DE LOS QUÍMICOS

M e dispongo a escribir estas páginas cuando sigue fresco el recuerdo de las muchas iniciativas puestas en marcha en Italia en 2011, proclamado por las Naciones Unidas Año Internacional de la Química. Se trató de una idea propuesta por la Unión Internacional de Química Pura y Aplicada (Iupac) y por la Unesco. La primera es popular entre los profesionales del sector; la segunda, archiconocida en todo el mundo por ocuparse de la cultura en general, no solo de la científica. Su símbolo, en el que las seis letras del acrónimo simulan columnas de un templo griego (véase la imagen), nos traslada de inmediato, desde el punto de vista humanístico, la noción de algo digno de ser conservado: desde las excavaciones arqueológicas de Pompeya al folclore. También la química debe presentarse solemnemente como tesoro de la humanidad: potentísimo instrumento para el conocimiento de la naturaleza, inerte o viva, y para el bienestar material.

El 11 de febrero de 2011 la inauguración italiana reunió personajes desta-cados en la Escuela Normal Superior de Pisa. Como recordó entonces Vincenzo Barone, presidente de la Sociedad Química Italiana, urge un mensaje alto y claro a la opinión pública y, en concreto, a los políticos: es necesario defender la química de los prejuicios que ensucian su imagen, alimentados por la igno-rancia y, en ocasiones, por la mala fe. Lamentablemente, la opinión pública –añadió Giorgio Squinzi, que un año después fue presidente de la Confede-ración General de la Industria Italiana (Confindustria) y entonces presidía la Federación Nacional de Industria Química (Federchimica)– es emocional y, por tanto, influenciable por el terrorismo ambiental.

Sin duda, las corrientes extremas e irracionales del universo ambientalista, a las que a menudo los medios de comunicación convierten en caja de resonan-cia, desempeñan un duro papel en la reputación de la química. Aun así, un juez encargado del proceso de hallar a los culpables de esta situación estudiando a fondo todas sus facetas, acabaría ampliando el radio de acción y acusando a otras categorías.

En mi opinión, en el Año Internacional de la Química se perdió la ocasión de tejer un diálogo fructífero con el público. Habría sido necesario involucrar a los ciudadanos para iluminar un pasado discutible a través de un diálogo abierto con espíritu científico e histórico, necesario para la propia química. Me recon-forta lo escrito precisamente en 2011 en *La química y la industria*, órgano de la Sociedad Química Italiana, por una personalidad química de largo recorrido, Giorgio Nebbia, quien fuera profesor de la Universidad de Bari. Nebbia recor-dó que «la historia reciente está repleta de episodios de perjuicios a la salud y al ambiente provocados por industrias y sustancias químicas no por el hecho de que tales sustancias sean *químicas*, sino por la imprudencia de los productores, distribuidores y consumidores».

El libro para niños *Todo es química,* de los franceses Christophe Joussot-Dubien y Catherine Rabbe, exalta la química, si bien, tal y como señalaba Luigi Dell'Aglio a principios de 2011 en una reseña en el periódico *Avvenire,* tampoco esconde sus culpas. En el intento de animar a la juventud a dedicarse a esta ciencia, los dos escritores franceses advierten: «Ser químico es duro, hay que estudiar mucho, pero es un trabajo interesantísimo». Cuidado con prometer el país de las maravillas, brillo y purpurina como si matricularse en química equivaliese a entrar en una sala de videojuegos.

«Aclaremos: si todo es espectáculo, es necesario enfatizar estos aspectos», escribe Sergio Carrà, del Politécnico de Milán, en *La química y la industria*. Se refiere a la tendencia «a poner el foco en las maravillas de un mundo microscópico». El título del artículo insinúa ya ciertas dudas acerca del conjunto de iniciativas en curso. Según Carrà, es necesario valorar la eficacia de los eventos dirigidos a convertir a los jóvenes: «Personalmente dudo de que el enfoque sea el más adecuado. [...] Se debe redimensionar un mensaje que pone el acento en los aspectos estéticos y hedonísticos, otorgando más espacio a los aspectos duros que se encuentran en la base de muchos logros tecnológicos».

Este libro nace con la intención de afrontar este tipo de problemas, no solo con un objetivo divulgativo. Aflora aquí y allá, como el acompañamiento musical de una película, mi forma de ver las cosas, cimentada a lo largo de casi 40 años, un tiempo en el que, tras graduarme, he formado parte de diversos ambientes químicos, sin haberme integrado por completo en ninguno de ellos.

Agradezco a todo aquel que tenga las ganas y la paciencia de leer hasta la última página y confío en su benevolencia para juzgar las explicaciones científicas y las ideas personales que las acompañan e intercalan. Por último, doy las gracias al editor por brindarme esta oportunidad.

GIANNI FOCHI

Primera parte

ABRAN PASO A LOS JÓVENES

I
PUBLICIDAD ENGAÑOSA

Es un momento crucial en la vida del estudiante. Estamos ante el último año de instituto: el momento de decidir se acerca a pasos agigantados y mis dudas cada vez hacen preguntarme más cosas. ¿Qué quiero hacer en la universidad? ¿Me interesa conocer el saber transmitido por los investigadores del pasado, renovado y enriquecido a lo largo de los años por nuestros contemporáneos?

Los jóvenes casi veinteañeros que se enfrentan a la elección de los estudios universitarios se plantean preguntas de gran calado. ¿Qué carrera me conectará con los problemas del mundo real, abriéndome posibilidades reales de trabajo? ¿Esta o aquella disciplina, que ahora me parecen interesantes, lo serán realmente cuando se conviertan en exámenes que hay que superar? ¿Qué estudiaré en realidad si elijo una u otra cosa?

Otros muchos no se preguntan nada en absoluto y se lanzan a lo loco. En general, la mayoría de las matrículas son del todo equivocadas, ya que, por otra parte, existe un problema de fondo que pocos analistas (y menos pedagogos) parecen ver: ¿cuántos jóvenes están a la altura del camino universitario que van a tomar? En el pasado el problema no era tan grave como hoy en día. Eran pocos los que iban a la universidad y, en general, la escuela previa a 1968 infundía ideas bastante claras: permitía comprender sin miramientos si uno estaba capacitado o no para continuar con los estudios.

Por otra parte, el reclutamiento de nuevos estudiantes se ha convertido en algo vital para las universidades: a través de las tasas y de la asistencia, los estudiantes aportan oxígeno a facultades asfixiadas y mantienen con vida carreras de largo recorrido, casi moribundas.

Nos encontramos así con grandes persuasores, embaucadores que no dudan en mostrar la carta falsa con tal de conseguir la mayor porción posible de ese gran torrente que atraviesa los exámenes de selectividad.

Se trata de la orientación, tal y como se denomina. Publicidad, en pocas palabras. Entendámonos, no atribuyo a este sustantivo una connotación peyorativa. Para los productores de bienes materiales, la publicidad es el alma del comercio, fundamental para la difusión incluso de los bienes inmateriales. El problema surge cuando los términos se intercambian y la publicidad se convierte en el comercio del alma, como decía Romolo Valli, gran actor teatral del siglo XX, refiriéndose a hacer atractivo lo que realmente no lo es.

Aspirantes a la universidad, escuchadme, que esta primera parte del libro está dedicada a vosotros. Dad un paso atrás de cinco años. Recibís orientación para entrar en un determinado instituto u otro: también ahí hay vacas flacas, algunos profesores corren el riesgo de perder su precario puesto o de trasladarse a sedes menos cómodas y apetecibles. Pensad bien: ¿os gustaron esas horas no solo porque sustituían a otras dedicadas a lecciones y controles?

Realizados los cambios pertinentes, incluso grandes docentes universitarios se prestan a vender castillos en el aire. Por tanto, ¿es suficiente con la orientación? ¿Os estoy invitando a ignorarla o a desconfiar de ella? ¡No, por favor! La institución para la que he trabajado durante casi 30 años, la Escuela Normal de Pisa, realiza con este objetivo frecuentes cursos estivales en diferentes partes de Italia.

Pero vosotros preocupaos de captar la esencia, sin dejaros cegar por los destellos. Reflexionad: si un anuncio es bueno y divertido, ¿es suficiente para convenceros de comprar el producto? Lo mismo sucede con la orientación: sacadle partido, pero poned en funcionamiento la cabeza y seleccionad solo la información que sea útil para vosotros. Volviendo a la química, la orientación debe demostrar lo bella y potente que es, tomando el título de un libro del químico Luigi Cerruti (*Bella y potente la química desde el inicio del Novecento hasta nuestros días*) gran historiador de su disciplina. Por suerte, no faltan los docentes universitarios que realizan esta tarea de forma adecuada: saben ser interesantes y vivaces yendo al grano sin abusar de palabrería. Os insto a asistir a algunas de las iniciativas desarrolladas por ellos. Por mi humilde parte, en los capítulos de esta primera sección incluiré ejemplos extraídos del día a día y de las aplicaciones tecnológicas, intentando haceros comprender las posibilidades que la química, estudiada en la universidad, os podrá ofrecer desde el punto de vista tanto intelectual como práctico.

¡La química es buena! Y con este libro espero haceros comprender que vale la pena conocerla. Si estáis pensando qué carrera elegir, podéis considerar las que tienen un trasfondo químico para compararlas con otras que podrán ser igual de interesantes, o más, o menos.

Eso sí, antes que nada, debéis analizaros a vosotros mismos. ¿Se os dan bien las materias científicas? ¿Sois buenos en ese campo en el instituto? Y, en concreto, ¿os ha gustado la química? Quizá no hayáis entendido gran cosa en clase (tranquilos, no se lo diré a vuestros profesores). Pero ahora, leyendo páginas descriptivas en vez de académicas, espero que descubráis que también vosotros podéis comprenderla con la condición de que si la química se convierte en vuestro camino universitario, le dediquéis esfuerzo y buena voluntad.

II
LA QUÍMICA ES BELLA

Para haceros entender la belleza de la química empezaré de la mano de los jóvenes. Comencemos con vuestra bebida con gas preferida: la sed se sacia, el sabor es bueno, las burbujas estallan en la garganta. ¡Cuántas latas y botellas podemos vaciar día tras día! El volumen mundial de ventas de las bebidas gaseosas fue de 150 billones de euros en 2014. Se añade gas a bebidas que jamás imaginaríamos los europeos, como el suero de la leche en el norte de África.

Beber algo con gas es tan común que no le prestamos demasiada atención. Ni a los problemas dietéticos o dentales que puede ocasionar un consumo excesivo de líquidos por lo general azucarados, ni mucho menos a las conquistas científicas y técnicas que las han hecho posibles. Sin embargo, para conseguirlo, la genialidad humana ha debido devanarse los sesos durante mucho tiempo hasta alcanzar una de las grandes innovaciones del sector, patentada en 1892 por William Painter, irlandés afincado en Estados Unidos. Al inventar el tapón corona, facilitó sobremanera la conservación y el transporte del burbujeante placer en botellas de vidrio.

La historia ahonda sus raíces tres siglos atrás, cuando el alquimista suizo Leonhard Thurneysser y su colega alemán Andreas Libau, conocido con el nombre latinizado de *Libavius*, se abocaron en vano al estudio de las aguas efervescentes que brotaban de la tierra, tan apreciadas por la humanidad desde tiempos inmemoriales. Además de agradables al paladar, habían sido reconocidas como beneficiosas por la medicina, si bien sus propiedades curativas no se debían, como entonces se creía, a aquella evidente y curiosa característica.

En la primera mitad del siglo XVII el flamenco Jan Baptist van Helmont fue capaz de demostrar que existía una sustancia de aspecto similar en el aire, producida indistintamente por diferentes fuentes: en la fermentación del mosto, en la combustión del carbón o en la acción de los ácidos sobre la roca calcárea. Solo le faltó reconocer su identidad en las burbujas del agua efervescente. Pero no debemos criticar a Van Helmont: cuando él vivía, la mayor parte de los fenómenos a los que hoy podemos dar una explicación científica eran todavía un misterio, si no del todo malinterpretados. El estado gaseoso de la materia, tan escurridizo, era por aquel entonces un enigma. Aun así, le debemos reconocer, además de sus méritos como pionero de la ciencia, la invención de la palabra *gas*.

Un personaje genial y audaz, gran reformador científico, aunque a menudo más ebrio que sobrio, hacía su aparición en la escena del saber europeo hace medio milenio. Se trataba del médico y alquimista suizo Paracelso, que en sus etéreos y en parte esotéricos escritos utilizó de forma un tanto vaga el sustantivo griego *chàos*, «materia sin forma». Van Helmont le otorgó la forma de gas y lo aplicó al estado de la materia que no tiene ni forma ni volumen. Durante siglo y medio los científicos prefirieron el confuso término «aire», nombre todoterreno que en absoluto aclaraba las diferencias entre las diversas sustancias gaseosas y sus mezclas. El aire mismo, ese en el que nos encontramos inmersos y que nos permite vivir, es una mezcolanza de nitrógeno, oxígeno y otros gases menos abundantes, y cada uno de ellos posee sus propias características. El gas descubierto por Van Helmont en la combustión y demás lugares fue bautizado como *aire fijo*, puesto que podía ser fijado por la cal. Esta última, conocida hoy en día como *óxido* o *hidróxido de calcio* –CaO, cal viva; $Ca(OH)_2$, cal apagada–, reacciona con el gas CO_2, actualmente denominado *dióxido de carbono*, si bien todavía se utiliza el antiguo nombre *anhídrido carbónico*.

Se forma carbonato de calcio, $CaCO_3$; o deberíamos decir «se reforma». El óxido de calcio se produce desde hace milenios a partir de las rocas calcáreas, compuestas fundamentalmente por carbonato de calcio. Esta sustancia se descompone al alcanzar aproximadamente los 1000 °C: el CO_2 desaparece, quedando CaO. Este óxido se «apaga» luego con agua. He aquí la cal de los albañiles, lista para absorber CO_2 del aire, generándose de nuevo el carbonato inicial, compacto e indisoluble.

Pero volvamos a las bebidas con gas. En 1685 el alemán Friedrich Hoff-mann escribió que para preparar agua efervescente artificial se debe mezclar una solución alcalina y un ácido en una botella de cuello estrecho. Indicaciones algo vagas, en especial para el primero de ambos reactivos. No obstante, la idea del cuello estrecho constituía una importante novedad. Suponiendo que la solución alcalina fuese, por ejemplo, soda (carbonato de sodio, Na_2CO_3) o bicarbonato de sodio ($NaHCO_3$), hoy sabemos que el CO_2 resultante escapa tanto más rápido cuanto mayor es el recambio de aire en la superficie. Si el gas generado permanece cerca, se alcanza un equilibrio entre gas libre y gas disuelto. Si, por el contrario, se produce un recambio de aire y el CO_2 desaparece, el equilibrio se rompe, y para restaurarlo, más gas abandona de nuevo la solución. El cuello estrecho ralentiza el intercambio de aire y, de esta forma, también la pérdida de gas del líquido.

Pero entonces, pensaréis, si la botella está cerrada, el agua mantiene el gas de forma indefinida. Tenéis razón, pero para nosotros es demasiado fácil porque estamos acostumbrados a las botellas tapadas. El descubrimiento data de la primera mitad del siglo XVIII por obra del francés Gabriel Venel, que preparaba agua salada. Venel añadía ácido clorhídrico, o muriático, como se decía entonces, al bicarbonato de sodio. El agua resultante contenía iones sodio (Na^+) y de cloruro (Cl^-), es decir, se trataba de una solución de cloruro de sodio, la sal de nuestras cocinas ($NaCl$). Sobra decir que Venel no gozó de ningún éxito comercial con aquella agua efervescente y salada.

El primero que identificó el gas de la efervescencia fue, en el mismo siglo, el escocés Joseph Black. Poco después, Henry Cavendish halló el modo de impregnar los líquidos con ese gas sin recurrir a reactivos y, por tanto, sin introducir sabores diferentes y, por lo general, desagradables. En realidad, la fase de producción del llamado *aire fijo* aplicaba el método habitual, pero el líquido resultante no se podía beber. Al darse cuenta de que la solubilidad del gas disminuía con el aumento de temperatura, Cavendish calentaba el recipiente para extraer la mayor cantidad de CO_2 posible. En vez de dejarlo escapar, lo recogía a través de un tubo que lo llevaba a borbotear en una segunda botella, esta vez con agua bien fría.

No pasó mucho tiempo hasta que otro inglés, el joven Joseph Priestley, pastor disidente del anglicanismo oficial, inauguró en 1772 su actividad científica (destinada a alcanzar grandes logros) con un artículo titulado «Instrucciones para impregnar el agua con aire fijo», publicado en *Philosophical Transactions*, de la Royal Society, institución dedicada a las ciencias de la naturaleza. El brillante jovenzuelo había descubierto que la absorción de gas no depende solo de la temperatura: a mayor presión, mejor se disuelve el dióxido de carbono. A nosotros no nos resulta difícil comprender por qué si nos remitimos a las explicaciones sobre el equilibrio anteriormente expuestas. En un gas, presión y concentración van de la mano, ya que a igual temperatura son directamente proporcionales. Así, una presión alta significa que el gas se encuentra muy concentrado, es decir, que un determinado volumen contiene bastante cantidad de gas. Cuanto más gas se halla en la superficie del líquido, más tenderá a disolverse en él, estableciendo un nuevo equilibrio en un agua mucho más gaseosa que antes.

Priestley tenía una mala costumbre, por otra parte, bastante extendida entre los químicos hasta no hace mucho: cuando daba con algo nuevo, lo probaba. Hoy en día, cualquier profesor de ciencias que se precie recomienda a sus alumnos adolescentes no llevarse a la boca nada de lo que encuentren en un laboratorio químico. De cualquier forma, Priestley tuvo suerte y jamás se envenenó. Después de probar el agua con gas fabricada por él mismo, la recomendó a sus amigos. Su acogida fue tan entusiasta que convencieron al Almirantazgo de distribuir agua con gas entre los marineros durante sus largas travesías.

No era tanto una cuestión de gusto como de higiene: Priestley creía que el agua con gas servía para prevenir el escorbuto. Esta creencia era del todo equivocada, si bien tuvo de cualquier forma un cierto efecto positivo. Como hemos mencionado, el cierre hermético simple y duradero (el tapón corona) no se inventaría hasta pasados dos siglos. En alta mar el agua con gas debía producirse en el mismo momento de consumirse, pero a bordo no había hueco para la intrincada y engorrosa maquinaria de los laboratorios de tierra firme. Era necesario recurrir a reactivos químicos, pese a no ser esto lo más conveniente. Mientras tanto, la química había progresado en este campo respecto a los tiempos de Venel: se habían empezado a utilizar ácidos cuyas sales sódicas, formadas en la reacción junto al CO_2, tenían un gusto aceptable. Así se fabrica todavía hoy el polvo que se puede comprar en los supermercados para preparar agua con gas. En él, todos los reactivos son sólidos y se encuentran ya mezclados en un solo sobre. Solo el agua, al disolverlos, los pondrá en íntimo contacto, necesario para su reacción. En los veleros británicos de los tiempos de Priestley, se utilizaba como ácido el zumo de limón. El reactivo era, en realidad, el ácido cítrico. Hoy en día sabemos que los cítricos son ricos en vitamina C. He aquí cómo se lograba una cierta profilaxis del escorbuto.

Hacia finales del siglo XVIII comenzaron a aparecer las primeras fábricas de agua con gas. Aplicaban el método de Priestley: se enfriaba el agua y a continuación se saturaba con dióxido de carbono bajo presión. Alrededor de 1820 Europa contaba ya con un considerable número de establecimientos en París, Ginebra, Dublín, Londres, Dresde, etc. En América, el pionero de esta actividad industrial fue, en 1809, Benjamin Silliman, primer profesor de química de la Universidad de Yale.

Otra innovación estaba en camino: en 1823 en Inglaterra, Humphry Davy y su entonces asistente Michael Faraday, consiguieron licuar el dióxido de carbono. Doce años después, el francés Charles Thilorier publicó un método para solidificarlo, obteniendo el denominado *hielo seco* (o *nieve carbónica*). Las producciones que requerían CO_2 se simplificaron. A igualdad de peso, el volumen del líquido y del sólido es mucho menor que el del gas, de forma que la distribución pasó a ser mucho más económica y práctica, si bien los contenedores requerían aislamiento térmico. A presión atmosférica el hielo seco se sublima, es decir, pasa directamente a estado gaseoso a casi -80 °C. Si la entrada de calor desde el exterior fuese demasiado rápida, la masa sólida mantendría esa temperatura, pero transformándose rápidamente en gas, por lo que las pérdidas durante el viaje serían enormes. Sin embargo, en un contenedor bien aislado, la masa de sólido se conserva en buena cantidad.

La gasificación del agua también se allanó e hizo menos costosa. Mientras el dióxido de carbono en estado líquido se evapora y en estado sólido se sublima, en un recipiente herméticamente cerrado la presión del gas sale. Cuando todo ello alcanza un equilibrio con la temperatura ambiente (pongamos 20 °C), si el dióxido de carbono es lo suficientemente abundante como para alcanzar la presión propia del equilibrio a 20 °C sin haberse transformado por completo en gas, la parte restante se encuentra en estado líquido, pese a ser inicialmente sólida.

Lo que sucede en este último caso no es en absoluto casual. Mientras la temperatura sube lentamente, el sólido inicial continúa sublimando, es decir, formando gas. Puesto que el recipiente está cerrado y es indeformable (dicho de otra manera, el volumen permanece constante), la producción continua de gas aumenta la presión. Cuando partiendo de las condiciones iniciales (CO_2 puro a unos -80 °C y aproximadamente a 1 atmósfera) se llega a -56,6 °C y 6,82 atmósferas, el dióxido de carbono alcanza un estado especial, el llamado *punto triple,* en el que coexisten en equilibrio los tres estados de agregación, es decir, sólido, líquido y gaseoso. Si la temperatura sigue subiendo, este peculiar equilibrio se rompe y se instauran de nuevo los estados líquido y gaseoso: el sólido se funde y se sigue evaporando hasta que a 20 °C el CO_2 se encuentra en estado líquido y gaseoso a la presión de 55 atmósferas.

Decía que gracias a Davy, Faraday y Thilorier fabricar agua con gas se hizo más sencillo y económico: 55 atmósferas es una buena presión, y para conseguirla, no son necesarios compresores. ¡Eh!, objetarán los lectores más atentos. La presión del dióxido de carbono en el momento de usarlo es menor, porque conviene utilizar agua fría. Sí, sí, cierto, pero el cambio es pequeño. Cerca de los 0 °C, de los que no se puede bajar, puesto que obviamente el agua se congelaría, la presión es todavía de 47 atmósferas. Así pues, mientras bebéis un vaso de agua efervescente o cualquier bebida con gas, no olvidéis agradecer a los químicos del pasado por esas cosquilleantes burbujitas.

III
UNA LARGA HISTORIA DE CASI TRES SIGLOS

Hace ya 40 años que se venden gafas fotocromáticas, es decir, que cambian de color con la luz: claras en interiores o por la noche y oscuras a la luz del sol. Las llevan personajes famosos, deportistas, actores de Hollywood, incluso, dicen, las llevó el papa Benedicto XVI. También mucha gente común. Los mayores de 40 ya se han acostumbrado; los más jóvenes las han visto siempre, por lo que nadie atiende al fenómeno en el que se apoyan ni se cuestionan los prodigios técnicos que hacen posible fabricarlas y seguir mejorándolas. Las primeras gafas de este tipo reaccionaban con cierta lentitud a los cambios de luminosidad, y con el paso del tiempo se alteraban y perdían sus propiedades. Detrás del par de gafas que llegan hoy en día al mostrador de cualquier óptico hay años y años de intenso trabajo de investigadores universitarios e industriales, físicos, ingenieros y, por supuesto, químicos.

Las aplicaciones se extienden al mundo de la construcción, del automóvil y de la navegación de recreo, con espejos retrovisores antirreflejo y ventanas y ventanillas que no necesitan cortinas o parasoles. Algún empresario de la juguetería ha aplicado materiales fotocromáticos en la fabricación de muñecas que se broncean al sol y que en casa pierden su color. Ante cualquier novedad en el mercado, el asombro dura poco.

Sin embargo, para la ciencia y la tecnología es otro cantar. Cierto, apenas se sorprenden, pero sus conquistas se convierten en patrimonio consolidado. Todos aquellos que vean las gafas como un fastidio deberían pararse a pensar: ¿cómo ha sido posible este artículo que por lo menos conlleva una simplificación indiscutible al eliminar la necesidad de tener dos objetos diferentes, es decir, gafas de sol y gafas normales?

Es probable que no exista un solo efecto personal que genere más molestias que las gafas. Se pierden y se rompen con extrema facilidad, especialmente si pertenecen a personas distraídas o desordenadas. Quien las necesite para corregir la vista deberá contar también con un par de gafas de sol, por lo que los riesgos y la atención necesarios se multiplican por dos. Si un solo par de gafas sirven en interior y en exterior, a la sombra y a plena luz del día, mucho mejor. En fin, no es cosa de poco. Detrás de ellas se esconde una larga historia de casi tres siglos.

Los orígenes son comunes a los de la fotografía. Un día de 1727 en la Universidad de Altdorf, pequeña ciudad alemana situada a unos 20 kilómetros de Núremberg, el profesor Johann Heinrich Schulze dejó por casualidad un recipiente de vidrio sobre la repisa de la ventana. Schulze poseía una vasta cultura: enseñaba griego, árabe y medicina. Le interesaba también la química: el recipiente contenía polvo de yeso, es decir, sulfato de calcio ($CaSO_4$, además de alguna molécula de agua de cristalización) aclarado con ácido nítrico (HNO_3; obviamente estas son fórmulas modernas, no de la época). Al volver a por su recipiente al cabo de unas horas se sorprendió al observar que aquel polvo, originalmente blanco, se había ennegrecido en contacto con la pared expuesta al sol.

Las propiedades del yeso y del ácido nítrico eran bastante conocidas, ninguno de ellos habría reaccionado así. Dándole vueltas a aquel extraño suceso, Schulze comenzó a sospechar que podía haber algún contaminante peligroso. De pronto recordó que no había utilizado ácido puro: previamente había incluido un pequeño fragmento de plata. La plata es un metal «seminoble», no tan reactivo como el cinc o el hierro, pero tampoco inerte como el oro, de forma que el ácido nítrico consigue oxidarlo transformándolo en una sal, el nitrato de plata ($AgNO_3$), incoloro. Las radiaciones solares de diversa longitud de onda reducen los iones positivos Ag^+ –la forma que este elemento presenta en sus sales– en plata metálica.

Reducir en química significa «obtener electrones»: el ion Ag^+, al recibir uno de los iones negativos con los que se combina, pierde su carga positiva, neutralizada por la carga negativa del electrón, y adquiere las características del elemento puro. En tales condiciones se obtiene el metal, que en este proceso se forma en microscópicos gránulos y es negro, de manera que si quisiéramos ver su característico brillo, deberíamos aislarlo y fundirlo. Muchos metales son negros cuando se dividen. Es el motivo por el que el aceite que ponéis en la cadena de la bici se oscurece rápidamente: recoge el acero erosionado por la fricción de los engranajes.

El descubrimiento de Schulze no encontró aplicación alguna hasta que, en la última década del siglo XVIII, el inglés Thomas Wedgwood le sacó partido para obtener imágenes de objetos apoyados en papel o cuero impregnados en nitrato de plata. Solo 30 años más y la fotografía se hizo realidad, no con el nitrato, sino con otras sales de la plata: cloruro, bromuro y yoduro. Si una lámina o película conserva el efecto de la luz con la que han sido impresionadas, se debe a la irreversibilidad de la reducción de los iones plata. De lo contrario, una vez cerrado el diafragma de la máquina fotográfica y de vuelta a la oscuridad, la plata se oxidaría de nuevo pasando a ion incoloro (*oxidar* es lo opuesto a *reducir*), y la imagen se desvanecería. ¡Esto es precisamente lo que haría falta para que una lente se oscureciese al sol de forma reversible! Así es, y lo consiguieron a mediados del siglo XX los investigadores de la asociación estadounidense Corning.

El secreto está en conseguir que los elementos de la reacción provocada por la luz permanezcan en estrecho contacto, de manera que se mantenga su tendencia natural a combinarse químicamente apenas se recuperen del «golpe» recibido. Por ejemplo, en una película fotográfica a base de bromuro de plata, la reducción provoca la separación de la plata y el bromo. Minucias, podríamos pensar. Pero si fuésemos diminutos como un átomo de plata, es decir, entre tres y cuatro diezmillonésimas partes de milímetro (0,00000035 mm), nos daríamos cuenta de que incluso una millonésima parte de milímetro es distancia.

Esto quiere decir que se trata de una separación sin vuelta atrás, como sucede entre dos excónyuges cuando el divorcio hace definitiva la ruptura. Si, por el contrario, los gránulos microscópicos de sal de plata están incorporados en un cristal, es como si todo quedara congelado, de forma que una vez dispersa la energía que provoca la reducción de los iones plata todavía es posible una nueva reacción química, opuesta a la anterior: los átomos siguen estando disponibles el uno para el otro.

Las dimensiones de los gránulos también son un asunto importante. Si superan los 15 nanómetros, el cristal comienza a hacerse opaco. El nanómetro equivale a una milmillonésima parte del metro (es decir, 0,000001 mm). Pero es que además existe también un límite inferior: por debajo de los 8 nanómetros son demasiado pequeños para desempeñar la función por la que se añaden al cristal, y aunque se oscurecen, no se aprecia el efecto. Son necesarias técnicas muy refinadas para conseguir que sus dimensiones estén comprendidas entre los 8 y los 15 nanómetros. Solo de esta forma respetan la transparencia del cristal y pueden oscurecerlo gracias al negro de la plata, que se reduce al sol, y volver a decolorarlo después.

Por otra parte, se fabrican gafas con lentes de color variable e irrompibles, es decir, de plástico. En este caso, los materiales fotocromáticos no son a base de plata, sino de sustancias orgánicas formadas por complejas moléculas que se transforman reversiblemente cuando reciben los rayos azules o ultravioletas de la radiación solar.

La sustancia estable en la oscuridad se transforma en una nueva sustancia a través de una reacción química. Dos sustancias diferentes con propiedades diferentes: una de ellas no tiene color, es decir, es invisible; la otra, la «iluminada», posee un color. Y si vemos algo de color, significa que ese algo absorbe una parte de las radiaciones visibles. De lo contrario, la suma de todo da como resultado lo que para nosotros es el color blanco. Una lente que absorbe la luz azul-violeta será rojiza a nuestros ojos.

Por lo general, el material fotocromático de las lentes absorbe más rayos de los que estimulan nuestra visión al filtrar también las radiaciones ultravioletas, las más molestas. Si bien el fotocromatismo reversible de una sustancia orgánica se descubrió allá por 1867 –para que conste, se trataba del tetraceno, también llamado *naftaceno*–, las aplicaciones de las que estamos hablando son recientes. Y pronto habrá más.

IV
EL MISTERIO DE LOS CRISTALES LÍQUIDOS

¡Venga, vamos! Ya está bien por hoy de estudiar. Ya no puedo más con la proyección de Mercator, el congreso de Viena, el teorema del coseno… Bien, querido o querida estudiante, comprendo: ¿te gustaría que el autor te desvelase de golpe el misterio de tu televisión LCD o del monitor de tu ordenador? ¡Oye! ¿Acaso crees que tu primer día de prácticas de conducir te abrirán las puertas de un Ferrari o un Maserati diciéndote «adelante» y podrás salir pitando por la autopista?

Hay que ir poco a poco, aumentando la complejidad gradualmente. No lo complicaremos demasiado, nos limitaremos al píxel, palabra formada por la contracción del inglés *picture element,* la unidad más pequeña de una imagen. No se pueden comprender los aspectos técnicos de los celebérrimos mosaicos bizantinos de Rávena si se desconoce cómo se preparaban las llamadas teselas, las pequeñas piezas que los componen (en parte de origen griego, *tessera* hace referencia a sus cuatro lados), material para la base, los colores, los esmaltes…

Aun así, empezar por los píxeles de una buena televisión en color sería demasiado arduo. Echemos mano de algo mucho más simple: la calculadora. Las cifras de su pequeña pantalla están formadas por pequeñas rayas oscuras o, en todo caso, por unos pocos puntitos alineados. Cada uno de estos puntos es un píxel, y este tipo de pantalla es reflectiva, es decir, utiliza la luz del ambiente y la refleja en un espejo interior. Se trata de una pantalla compuesta de varios estratos superpuestos con un cristal líquido entre medias.

Esta expresión podría parecer incoherente, puesto que el estado líquido y el cristalino se consideran opuestos entre sí. En el colegio, los líquidos se definen como algo dotado de volumen propio, pero constreñido a la forma del recipiente. Sin embargo, la química no se detiene en los aspectos externos y macroscópicos. Según el modo de organizarse de las partículas que componen una sustancia, es decir, las moléculas, los átomos o los iones, un sólido es todo aquello que presenta dichas partículas en una disposición geométrica regular.

Para la química, *sólido* corresponde a *cristalino*. El cristal tiene forma y volumen propios, pero la retícula de las microscópicas partículas que lo componen es desordenada. Se habla en este caso de sólidos amorfos en referencia a la falta de orden reticular. Siendo rigurosos, diremos que el cristal es un líquido talmente viscoso que no fluye. Algo así como un líquido no fluido.

Entonces, ¿qué sentido tiene la expresión *cristal líquido?* Os lo explicaré. En 1888, el físico alemán Otto Lehmann no supo encontrar nada mejor para describir la insólita técnica de la que le hablaba desde Praga Friedrich Richard Reinitzer. Este botánico y químico austriaco había sintetizado un nuevo compuesto, el benzoato de colesteril. Con la intención de categorizarlo, lo sometió a las consuetudinarias pruebas, midiendo entre otras su temperatura de fusión. Resultó que aquel sólido se fundía a 145 °C, pero, cosa inaudita, el líquido resultante, pese a ser puro, era turbio. Solo al alcanzar los 178 °C aparecía repentinamente límpido. Desconcertado, Reinitzer escribió a Lehmann, profesor del Politécnico de Aquisgrán, adjuntando una muestra de su investigación. Lehmann se dedicó al estudio de aquel turbio líquido que aparecía entre las dos temperaturas mencionadas. Por aquel entonces ya se utilizaba un microscopio cuya plataforma portaobjetos se calentaba, de forma que el observador distinguía con precisión el momento en el que el sólido se fundía y registraba con un termómetro la temperatura de la plataforma. Lehmann apreció zonas microscópicas de aspecto cristalino en aquella sustancia. Nuestro hombre prosiguió con las investigaciones y al publicar su trabajo el año siguiente utilizó la expresión *fliessende Kristalle*, «cristales fluidos», que posteriormente se conocerían como *cristales líquidos*.

El artículo despertó el interés de otro alemán, el químico Daniel Vorländer, de la Universidad de Halle. Este químico sintetizó en el primer tercio del siglo xx la mayor parte de las sustancias líquido-cristalinas actualmente conocidas. Descubrió, además, que poseen moléculas de forma alargada o aplastada. Se trata de fuerzas intermoleculares electrostáticas (atracción dipolo-dipolo o enlace de hidrógeno) que mantienen un cierto orden incluso cuando la energía térmica las coloca unas encima de otras, es decir, cuando el sólido se funde. Esto es lo que sucedía cuando Reinitzer observaba la formación del líquido turbio. Si la temperatura sigue subiendo, llega un momento en el que las fuerzas intermoleculares no aguantan más y las moléculas se separan, moviéndose con total libertad. He aquí un auténtico y límpido líquido.

Tras el descubrimiento de Otto Lehmann tuvieron que pasar casi 80 años hasta que los cristales líquidos se convirtieron en algo más que una simple curiosidad científica. Fue en torno a 1970 cuando invadieron los mercados, y no empezaron con los televisores, sino por las pequeñas pantallas de las calculadoras de mesa y los relojes digitales.

Pero volvamos al píxel. La luz que llega del exterior atraviesa en primer lugar un estrato polarizador que, como su nombre indica, la polariza en un solo plano. A continuación, pasa por un conductor eléctrico transparente, formado por óxido de indio o de estaño. Alcanza así el cristal líquido, que se encuentra en medio de los dos estratos de alineación.

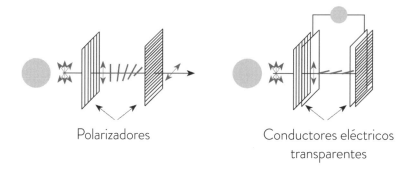

Polarizadores   Conductores eléctricos
                                      transparentes

Las moléculas del cristal líquido son de tipo nemático, del griego *nema*, «filamento». Su forma alargada recuerda a la de un puro. Los estratos de alineación están formados por un polímero, sobre el que se genera una superficie a rayas al pasar por encima un paño varias veces en la misma dirección. Las moléculas de cristal líquido tienden a situarse paralelas a esas rayas. Los dos estratos de polímero tienen las rayas dispuestas a 90° el uno del otro, de forma que al acercarse orientan los ejes de las moléculas nemáticas perpendicularmente. El efecto orientador, de tipo electrostático, disminuye a medida que aumenta la distancia entre ambos estratos. Así, las moléculas se posicionan en ejes que forman un ángulo recto. Para hacernos mejor una idea, podemos imaginarnos una escalera de caracol con una molécula en forma de puro en el lugar que ocupa cada escalón.

La luz ambiente, decía, entra en el cristal líquido después de polarizarse en un plano. El primer polarizador está colocado de tal forma que ese plano queda paralelo a las rayas del primer estrato de alineación. Las moléculas nemáticas poseen la propiedad de guiar el plano de polarización. Continuando con el símil, lo hacen bajar por la escalera de caracol y, al terminar, lo han rotado 90°. A continuación, la luz atraviesa un segundo estrato conductor y se encuentra con un nuevo polarizador, rotado 90° respecto al primero. La luz tiene así vía libre hasta un espejo que hay al fondo, de donde vuelve prácticamente inalterada hasta nuestros ojos. El píxel no la bloquea y, por tanto, es transparente, no lo vemos.

Conectemos ahora los dos estratos conductores a la diferencia de potencial eléctrico de una pila. Las moléculas de cristal líquido se encuentran ahora en un campo eléctrico, cuyo poder de orientación supera con creces los estratos de alineación; en otras palabras, las fuerza a todas en su dirección, perpendicular a la superficie de la pantalla. La luz polarizada no encuentra esta vez nada que la haga rotar, nada de escaleras de caracol, por lo que el segundo polarizador la encuentra perpendicular y la filtra por completo. La luz ya no llega al espejo ni hace el recorrido inverso: ahora vemos el píxel como un punto o raya oscuros.

En las pantallas a color la luz proviene de una fuente trasera. Los numerosos píxeles, pese a ser mucho más pequeños que los de las pequeñas pantallas monocromáticas, se componen en realidad de tres subpíxeles, cada uno de los cuales posee un filtro de color rojo, verde o azul, los colores primarios de la denominada *síntesis aditiva del color*.

Cada subpíxel tiene la función de dejar pasar una cantidad más o menos grande (o nula) de su color, de forma que la suma de los tres genera un pequeño punto de la imagen. Así sucede en el monitor del ordenador y en la televisión cuando provoca el grito del seguidor al alcanzar el balón la red o hace las delicias de adolescentes entusiastas al ver una nueva serie con personajes similares a ellos y todo esto es algo que también le debemos en gran medida a la química.

V
CARBON COPY

Seguramente muchos jóvenes no han visto nunca el papel carbón. Quizá a alguno le suena la expresión por las iniciales CC *(carbon copy)* de los correos electrónicos, que indican una dirección a la que se envía el mensaje para compartir la información. El papel carbón es hoy en día un producto de nicho destinado a uso artesanal y a algunas aplicaciones en bricolaje. Quien, como yo, de joven ya no tiene nada, recuerda perfectamente aquellos folios que manchaban de negro las manos y las muñecas de la camisa de cualquiera que lo metiese en su máquina de escribir, otra pieza relegada a los mercadillos. El reto no consistía solo en no mancharse, sino que cuando eran necesarias, por ejemplo, tres copias además del original, había que introducir hasta siete folios en el rodillo. El grosor amortiguaba el golpe de las teclas y la última copia era casi siempre ilegible.

Pero el tiempo pasa y por suerte el progreso técnico es imparable. La química tiene en ello un rol protagonista como ciencia que indaga en todo lo existente y alma de la innovación. Barrett (Barry) Green, químico de la asociación americana National Cash Register (NCR), es considerado el padre de la microencapsulación, o bien la inserción de un líquido en el interior de minúsculos contenedores sólidos. Junto a él trabajaba otro químico, 20 años más joven, Lowell Schleicher. En 1953 ambos presentaron una demanda de patente mientras colaboraban con la compañía Appleton Coated Paper Company, fabricante de papel cuché. Al año siguiente nació el primer papel de calco sin carbón. Con el tiempo, Green introdujo otras aplicaciones de su técnica: desde un importante sistema de lenta liberación de fármacos (suministro automático gradual y prolongado) a las muestras de perfume en los espacios publicitarios de las revistas.

Como ya he mencionado, su primer uso fue como papel de calco. Fue bautizado con un nombre que copiaba, qué casualidad, la sigla de la empresa matriz «papel NCR», cuyo significado en este caso era *no carbon required*. Podríamos traducirlo como «no hace falta carbón», retomando, por contraste, el sustantivo del papel autocopiativo tradicional. Hay que precisar que el inglés *carbon* no se refiere al carbón, que sería más bien *coal*, sino al elemento químico carbono, del que los diversos tipos de carbón son formas más o menos impuras.

En Estados Unidos todavía es habitual hablar de *NCR paper* 60 años después, y en ese tiempo han aparecido nuevos fabricantes, lo que demuestra el alcance revolucionario de la patente de Green y Schleicher. Sin embargo, el *boom* no llegaría hasta 1969, año en que la japonesa Yamada Chemicals lanzó dos nuevos colorantes sintéticos: el *crystal violet lactone* (CVL) y el *benzoyl-leuco-methylene blue* (BLMB). Veamos cómo pasan a formar parte del juego.

Todos habréis tenido la frustrante experiencia de intentar escribir con un bolígrafo en una serie de folios autocopiativos: es habitual cuando es necesaria la firma en todos ellos. Un primer trazo irregular y prácticamente ilegible nos obliga a volver a empezar. Al cabo de tres o cuatro intentos, mal logrados, pero suficientes, pasáis al tercer folio descubriendo con decepción que, debido al calco, los garabatos del primer folio aparecen marcados. Firmar encima de ese desastre es imposible. Al menos habréis aprendido a poner una cartulina debajo del papel en el que ensayáis la escritura.

Pero ¿por qué solo se consigue un buen trazo en el primer folio? No se aprecia, pero los folios que están por debajo tienen un sutil revestimiento cuya finalidad consiste en reaccionar químicamente a todo aquello que pasa por encima. No son folios hechos para recibir la tinta de un bolígrafo. Por tanto, los folios autocopiativos de calidad se fabrican ya con papel que copia solo donde es necesario, es decir, sin revestimiento en los campos que deben rellenarse en original en todos los folios.

Pero a nosotros nos interesa precisamente el efecto del calco, dejemos a un lado las zonas de papel sin tratar. La parte interior del primer folio (y de los demás si las copias son más de una) está rociada de microscópicas cápsulas de entre tres y ocho micras de diámetro, es decir, milésimas de milímetro. En su interior hay un líquido incoloro. Fabricarlas es un prodigio técnico extremadamente complejo. Se empieza preparando dos soluciones, una con agua y otra con un disolvente orgánico. Las composiciones varían y no podemos analizarlas una a una: dada la complejidad del proceso, haría falta un libro entero y haríais bien en abandonarlo casi de inmediato para no volver a abrirlo.

Pero diré algo sobre las microcápsulas empleadas hoy en día en todas las empresas líderes del sector del papel de calco sin carbón. En concreto, sobre el proceso desarrollado por Bayer. Cuando las dos soluciones mencionadas más arriba se agitan vertiginosamente a miles de revoluciones por minuto, se emulsionan entre ellas hasta que dejan de distinguirse la una de la otra. La mezcla resultante es blanquecina y homogénea como la leche, que, por cierto, es una emulsión de grasa en agua (obviando el resto de componentes). Volviendo a la preparación de las microcápsulas, la parte acuosa de la mezcla contiene un emulsionante, lo que evita que los dos líquidos se disgreguen, tal y como harían en su ausencia: si mezcláis con un tenedor en un recipiente aceite y vinagre para la ensalada, sabéis que debéis utilizar el condimento en cuanto dejéis de mezclar o los líquidos se separarán.

Retomemos el hilo tras el símil culinario. Cuando las gotitas alcanzan las dimensiones adecuadas, mientras la vigorosa agitación continúa, se añade una solución acuosa de guanidina o un derivado. La guanidina, cuya fórmula es $HN=C(NH_2)_2$, contiene dos grupos de aminas ($-NH_2$), que reaccionan con los grupos $-N=C=O$ del reactivo, denominado *poliisocianato* y contenido en las gotitas del líquido orgánico.

Abrimos aquí un pequeño paréntesis para aquellos que no estén familiarizados con las fórmulas químicas. La letra H representa un átomo de hidrógeno; N, uno de nitrógeno; C, uno de carbono, y O, uno de oxígeno, mientras los guiones representan un enlace químico (si el guion es doble, también lo es el enlace). Los enlaces no siempre se representan. Por ejemplo, el grupo amino $-NH_2$ no tiene un solo enlace entre nitrógeno y el resto de la molécula (no escrita). Cada uno de los dos átomos de hidrógeno tiene un enlace con el nitrógeno.

Los grupos –N=C=O del poliisocianato reaccionan cada uno con un grupo amino de la guanidina, dando lugar a un derivado de la urea. Al haber dos grupos –NH$_2$, cada molécula de guanidina se une a dos moléculas de poliisocianato, formándose un puente entre ellas. Estas, a su vez, dotadas de varios grupos –N=C=O, reaccionan con tantas moléculas de guanidina como grupos haya. Se forma así una extensa red en los tres ejes espaciales, en los que se replican los «esqueletos» moleculares de lo que antes de la reacción era poliisocianato y guanidina. Cada molécula de esta última da lugar a dos unidades de tipo ureico; el conjunto polimérico resultante es, por tanto, una poliurea. *Polímero* proviene del griego y significa (hecho de) «muchas partes».

Mientras el poliisocianato no es soluble en agua, pero sí en el disolvente orgánico, la poliurea es insoluble en ambos. A medida que se forma se deposita a modo de película sólida sobre la superficie de contacto de ambos líquidos, reteniendo en su interior la gotita orgánica. Hasta aquí la explicación de cómo se produce la microencapsulación; veamos ahora por qué se produce.

El líquido que queda encerrado en las microcápsulas contiene colorantes. De los dos elaborados por Yamada en 1969, el CVL sigue en uso. El segundo puede ser el BLMB, si bien se utilizan también otros, sobre todo si las copias deben ser en negro en vez de azul. Cuando la punta del bolígrafo presiona sobre el primer folio, las microcápsulas que recubren la parte trasera de este se rompen y el líquido que contienen se libera sobre la parte delantera del segundo folio, que está recubierto de un sutilísimo e invisible estrato de arcilla natural o de masa porosa sintética (silicatos o resinas). El grosor de las cápsulas es de especial importancia para no ser demasiado frágiles ni demasiado resistentes. La presión del bolígrafo, pese a disminuir en los sucesivos folios, debería ser suficiente para romper incluso las cápsulas del penúltimo folio.

En realidad, al principio, los colorantes no son colorantes, son solo precursores. El estrato absorbente que los recibe es levemente ácido, es decir, contiene iones hidrógeno (H+). Estos iones transforman el CVL en una sustancia azul, el auténtico colorante. El fenómeno recuerda a la tinta simpática de las antiguas novelas de espionaje, mensajes secretos que aparecían sobre el papel solo en contacto con ciertos reactivos químicos. El adjetivo simpática no se refiere en este caso a una persona agradable, sino a la capacidad de reaccionar al entrar en contacto con algo. Esta expresión aparece también en el lenguaje de los artificieros: un explosivo puede detonar «por simpatía» cargas próximas pese a no haber contacto directo.

El CVL funciona bien, pero tiene un inconveniente: se desvanece lentamente al exponerse a la luz. Por este motivo se combina con otros colorantes. Como hemos visto, en la sigla BLMB las dos últimas letras corresponden al llamado *azul de metileno*, mientras la L significa «leuco», del griego *leykòs*, «claro, blanco». *Leuco-* es un prefijo que en la química de los colorantes indica una forma incolora, a partir de la cual el colorante puede formarse en ciertas condiciones. Es necesaria la acción del oxígeno para que el azul de metileno desarrolle poco a poco su color. Su aparición es lenta, pero tiene la ventaja de ser estable a la luz. Sigue siendo un bonito azul mientras el CVL, visible en el mismo momento de escribir, termina desapareciendo. Se aprovechan, por tanto, las propiedades complementarias de ambos colorantes.

Podemos hacernos una idea de la cantidad de ciencia aplicada detrás de esos folios autocopiativos que tanto simplifican las obligaciones burocráticas. Generaciones de químicos han trabajado duro para que no nos abrume rellenar tres o cuatro copias. Pero, diréis, ya que estaban, ¿no podrían haber hecho desaparecer por completo los formularios y la burocracia? ¡A ver! La química es magia, sí, pero con la burocracia no hay nada que hacer.

La química es capaz de un prodigio más. Si os lo explicase en detalle, más de un listillo intentaría ponerlo en práctica, y no quiero ser su cómplice. Si los bolígrafos del profesor se rellenasen furtivamente de tinta evanescente, como el que utilizan los estafadores para firmar cheques, desaparecerían las faltas de los expedientes. Pero esa no sería magia de la buena. El antídoto contra las malas notas lo conocéis bien: estudiar, estudiar y estudiar.

VI
POR QUÉ EL AGUA NO ARDE

¡Corred! ¡La gasolina del tanque del cortacésped se ha incendiado! ¡Ya os decía yo que ese trasto no era de fiar! Pero hay que apagar el fuego antes de que se extienda. ¡Vamos, ahí hay una manguera! ¡Uf! Menos mal… Solo era un litro de gasolina, un poco de agua ha sido suficiente. Un poco más y… ¡a saber! La calle es estrecha y el camión de los bomberos no hubiera podido pasar. El fuego habría podido llegar al coche, la casa, las casas vecinas… Por fin se ha destrozado ese viejo cacharro cortacésped. Ya no nos volverá a poner en peligro, compraremos uno nuevo para el jardín.

Hemos echado agua al fuego. Pero ¿por qué el agua apaga el fuego? ¿Por qué la gasolina arde y el agua no? ¿Os lo habéis preguntado alguna vez? Quizá no, es algo tan asumido que parece obvio. Pero de obvio nada, al menos para quien no sepa nada de química.

¿Tendríais una respuesta sensata para estas preguntas? A veces es complicado explicar las cosas más sencillas. Han sido necesarios más de dos milenios para comprender la naturaleza del fuego. Si alguien quisiera saber más sobre cómo la humanidad se ha devanado los sesos con este propósito, podría leer la estupenda *Storia della chimica*, de Salvatore Califano. En sus páginas aprendemos que en el siglo V a. C. un griego de Sicilia, el filósofo Empédocles de Agrigento, escribió un poema naturalista del que se han conservado unos 350 versos. Fue el primer filósofo griego que imaginó que la materia y su transformación (química, según la forma de pensar moderna) estaban gobernadas por leyes. Según Empédocles, las fuerzas antagonistas del amor y la discordia regulaban la combinación de cuatro elementos en diferentes proporciones. Para aquel intelectual de la Antigua Grecia la totalidad del mundo físico era resultado de la mezcla de aire, agua, tierra y fuego.

Puras elucubraciones sin base experimental. En esa línea siguieron, con alguna variación, discrepancia e innovación, muchos otros pensadores. Fue un dilatado ejercicio cuya utilidad cada uno es libre de juzgar. Entre el siglo XVII y el tercer cuarto del XVIII tuvo lugar algún que otro tímido avance sobre la naturaleza de la combustión. Los químicos comenzaron a ceñirse a los hechos, aunque solo en parte. Se mantuvo la imprecisión, imaginando la sustancia ficticia flogisto, hasta que apareció en escena Antoine-Laurent de Lavoisier. Entre 1774 y 1789 Lavoisier demostró que la combustión tenía como protagonista un componente del aire, llamado por él *oxígeno*. En definitiva, el flogisto no existía y el fuego, con el debido respeto a los filósofos antiguos, no era una sustancia y menos todavía un componente de otras sustancias. Lo que vemos y oímos como fuego es el efecto de varios y complejos fenómenos que conllevan una mezcla de sustancias igualmente compleja. En primer lugar, no existe un solo tipo de fuego. La naturaleza de una llama depende del material que está quemando, de la atmósfera que la rodea y de la temperatura que alcanza. Todos sabemos que hay diferencia entre las llamas uniformes, inmóviles, azuladas y poco luminosas de los fogones de las cocinas, alimentadas con metano; la temblorosa y luminosa llama de una vela de parafina o de una lámpara de aceite, y las llamas crepitantes, altas y en continuo movimiento, de una buena hoguera en una noche de verano.

En esta última podemos distinguir zonas de varios colores. Cerca de los troncos de madera la luminosidad es máxima y las llamas son de color amarillo claro. Algo más arriba son anaranjadas y más arriba todavía, rojizas. Si medimos la temperatura con un instrumento adecuado, el pirómetro (de griego *pyr*, «fuego»), encontraremos que disminuye a medida que subimos hoguera arriba, de 1200-1300 °C en la base a 500 °C cerca de las puntas de las llamas. En la zona inferior tiene lugar el grueso de la reacción exotérmica entre el combustible y el oxígeno del aire; de ahí que el calor sea mayor en esa zona. *Exotérmico* se refiere a un fenómeno que genera calor. Pero la combustión no es inmediatamente total. A partir de grandes moléculas de celulosa (largas cadenas compuestas de unidades de glucosa y lignina) se forman sustancias volátiles de moléculas más pequeñas, que reaccionan de nuevo y continúan oxidándose. Más allá de las puntas ya no arde nada. Es el humo, impulsado por los gases calientes que ascienden porque son más ligeros que el aire circundante (convección).

El crepitar es el fenómeno más sencillo de explicar. La leña no es un material homogéneo. Si la observamos al microscopio, nos daremos cuenta. Aunque haya sido talada hace tiempo, conserva líquido acuoso en minúsculas cavidades internas. Como todo líquido, el agua tiende a evaporarse. Esta tendencia es mayor a medida que aumenta la temperatura. En términos científicos, se establece un equilibrio entre líquido y vapor caracterizado por una creciente presión ejercida por este último. Nunca os quedaríais cantando alrededor de una hoguera después de lanzar una botella de cristal llena de agua y con un tapón bien enroscado. Sabéis muy bien que en un momento dado la botella estallaría fruto de la presión del vapor en su interior. Eso es precisamente lo que sucede, a pequeña escala, en el interior de los troncos de leña. Las diminutas explosiones los hacen vibrar de forma intensa y rotunda, mientras las chispas centellean alrededor.

La famosa forma alargada de las llamas se debe a la gravedad terrestre. La NASA realizó experimentos artificiales en entornos con aire y sin gravedad, simulando una nave o una estación espacial. Bajo esas insólitas condiciones, las llamas son esféricas. Bien pensado no es de extrañar, ya que no existen los movimientos convectivos mencionados anteriormente. Por tanto, los gases generados por el combustible que arde se alejan impulsados por la presión de los que se siguen formando y por la simple difusión. Se trata de efectos iguales en todas las direcciones espaciales, por eso la forma resultante es esférica. Curiosamente, casi no hay humo: el movimiento hacia el exterior es más lento, por lo que los residuos no quemados permanecen al calor el tiempo suficiente como para terminar de arder.

Sin embargo, el recambio de aire ralentizado tiende a atenuar la combustión: el oxígeno llega lentamente, puesto que debe propagarse a través del estrato de dióxido de carbono, formado a partir del carbono que contiene el combustible. En ausencia de los movimientos convectivos del aire, el dióxido de carbono no desaparece lo suficientemente rápido como para provocar el vacío que debería rellenar la presión del oxígeno exterior.

Dejemos de lado esta curiosidad... estratosférica y volvamos a la Tierra. ¿A qué se debe la luminosidad de las llamas? ¿Por qué las llamas de metano de los fogones en los que cocinamos apenas se ven? Bien, empecemos precisamente por estas últimas. Se ven poco, pero son más cálidas que las llamas luminosas. Su temperatura puede alcanzar los 1500 °C y no generan humo. No obstante, si cae algo de salsa y se cuela por los orificios por los que sale el gas, las llamas se vuelven luminosas y ensombrecen el fondo de la sartén. ¿Qué ha sucedido? Pues que las incrustaciones han obstruido en parte los orificios, impidiendo la correcta mezcla del metano con el aire. Se da así falta de oxígeno y la combustión del metano es por tanto incompleta. Sin embargo, en condiciones normales este *hidrocarburo* (así se llaman los compuestos de hidrógeno y carbono) se oxida por completo en dióxido de carbono y vapor de agua. De esta manera tan científica se explica también otro hecho cotidiano: por qué cuando se pone sobre el fogón una cazuela con agua fría se recubre de pequeñas gotitas por fuera.

Muchas combustiones no son totales de forma inmediata. La leña o las velas son un buen ejemplo. En estos casos, solo una parte del combustible se oxida. Los combustibles más comunes contienen carbono, que puede quedar completamente sin oxidar, como en el caso del carbón. Tanto si es de leña como fósil, el carbón está formado de grafito, sustancia compuesta únicamente de carbono, con impurezas más o menos abundantes. En el metano el carbono no se oxida en absoluto. Es más, está reducido, que es lo contrario de oxidado. Se habla de estado (o número) de oxidación: número de electrones que pierde un átomo respecto a su forma aislada. Esta pérdida puede ser real, como en el caso del ion hidrógeno H+, formado a partir de un átomo de hidrógeno por la pérdida de un electrón, o formal en su mayor parte. En el metano (CH_4) no hay iones, sino moléculas, formadas por un átomo de carbono unido a cuatro de hidrógeno que lo rodean. Entre cada uno de ellos y el átomo central hay un enlace no iónico, o como decimos los químicos, covalente, es decir, formado por una pareja de electrones compartidos entre los dos átomos unidos. Para ser exactos, el enlace es iónico en una pequeña parte. El concepto de estado de oxidación enlaza con esa pequeña dosis y exagera su importancia, como si el enlace fuese del todo iónico y el metano resultase de iones carburo (C^{-4}) e iones hidrógeno ($4 H^+ + C^{-4}$). De hecho, si este tipo de compuestos se denominan *hidrocarburos*, es por algo; precisamente porque un poco carburos sí que son.

¿Cuántos electrones pierde un átomo de carbono para convertirse en un ion carburo? No es broma. Sí, ha ganado electrones, cuatro para ser exactos. Pero ganar es lo contario que perder, ¿no? Entonces, si el estado o número de oxidación es un tamaño numérico, ¿cuánto es lo contrario de cuatro? Muy fácil: -4 electrones perdidos respecto a la condición de átomo C aislado, es decir, estado de oxidación -4.

Por el contrario, en el dióxido de carbono el estado de oxidación es +4. Si lo anotásemos como una sustancia iónica sería $C^{+4} + 2\ O^{-2}$, un ion carbono cada dos iones óxido. Por tanto, para la combustión completa, el estado de oxidación del carbono debe pasar de -4 a +4, con pérdida de ocho electrones. Si el fogón está sucio y el gas no se mezcla bien con el oxígeno, se forman compuestos químicos inestables en los que el estado de oxidación del carbono tiene valores intermedios entre esos dos extremos. En algunos de ellos, el oxígeno también se encuentra en un inestable estado intermedio entre los estados de oxidación cero (el que posee antes de reaccionar) y -2 (el que tiene al final en el dióxido de carbono).

Estas formas «en suspensión» existen solo durante ínfimas fracciones de segundo y pertenecen a la categoría de los radicales libres, con iones impares, condición por lo general poco favorable. Poseen una elevada energía, ya que retienen en su interior una parte de la que libera la combustión. Apenas reaccionan liberan esta energía bloqueada en forma de radiación electromagnética luminosa en vez de calor, lo que explica por qué las llamas luminosas son menos cálidas que las que son casi invisibles.

En la hoguera, el contacto entre combustible y oxígeno es más lento debido a que la leña es un sólido compacto. Así, la llama alrededor de la que nos reunimos es luminosa y alcanza 200 °C o 300 °C menos.

Pero, escritor, ¿no habías empezado preguntándome por qué el agua apaga el fuego y por qué, al contrario que la gasolina, no arde? Te has enrollado un montón y no has respondido a una sola de tus propias preguntas.

Tienes razón, estudiante, esta vez no puedo decirte que estés equivocado. Necesitaba algunas premisas para que pudieras hacerte una idea acerca de la química del fuego. Responderé a la primera pregunta en el próximo capítulo. Venga, no te sientas estafado, a la segunda cuestión te contesto ahora mismo. La gasolina, además de algunos aditivos presentes en cantidades moderadas, es una mezcla de hidrocarburos, es decir, de congéneres del metano. Escojamos uno a modo de ejemplo, el más clásico, el isoctano, referente de las gasolinas poco propensas a detonar, es decir, a explosionar a destiempo, antes de que la chispa alcance el cilindro. Su nombre científico oficial es 2,2,4-trimetilpentano.

Haciendo la media entre los ocho átomos presentes en cada una de sus moléculas, el estado de oxidación resultante es -2,25. Aquí hay trabajo para la oxidación: cada átomo de carbono del isoctano que se transforma en dióxido de carbono puede perder 2,25 + 4 = 6,25 electrones. En los demás hidrocarburos este número cambia, si bien se mantiene siempre positivo. A fin de cuentas, el carbono de la gasolina tiene electrones de sobra para perder. Por este motivo la gasolina se puede oxidar. Y puede hacerlo reaccionando con oxígeno. Ahora bien, casi todas las oxidaciones provocadas por el oxígeno son exotérmicas. Si además son rápidas (y la oxidación de la gasolina por parte del oxígeno caliente lo es hasta el punto de poder ser explosiva), el calor generado no tiene tiempo de dispersarse en el ambiente. Por tanto, la mezcla se recalienta hasta prender fuego. ¿Ves? Ya he respondido en parte.

Falta por qué, por el contrario, el agua no arde. ¡Pero esto se entiende enseguida! ¿No? Venga, ¡piensa! El agua es óxido de hidrógeno, H_2O. El hidrógeno ya está oxidado por completo, tiene estado de oxidación +1 porque formalmente es como si fuese un ion hidrógeno H+, es decir, como si hubiese perdido un electrón respecto a su forma aislada. ¿Podría seguir oxidándose? No. Como átomo aislado tenía un solo electrón, así que no puede perder más. Ya te dije que era fácil.

¡Un momento, escritor químico! En el agua también hay oxígeno en estado de oxidación -2. El oxígeno liberado en el aire podría aumentarlo, según lo que has dicho hace poco. Le haría perder electrones: el oxígeno del agua se oxidaría, con lo que el agua sufriría una oxidación. ¡Podría arder!

¡Bravo, estudiante! Veo que estás atento. Tu objeción es aguda y merece ser bien analizada. ¿Cuál podría ser la reacción entre el agua y el oxígeno gaseoso? En la primera, el estado de oxidación del elemento oxígeno es -2 y en el segundo es 0. Si se los intercambiásemos, el conjunto no cambiaría. El oxígeno gaseoso se transformaría en agua, y el agua, en oxígeno gaseoso, un pequeño juego sin consecuencias prácticas. Pero ¿podrían encontrarse a mitad de camino, es decir, convertirse ambos en agua oxigenada (H_2O_2), en la que el estado de oxidación es -1?

La idea es interesante sobre el papel, pero en la práctica esa reacción no se produce. Es más, sucede justo la contraria: las soluciones de agua oxigenada tienden a descomponerse, dando como resultado agua y oxígeno gaseoso.

VII
QUE VIENEN LOS BOMBEROS

Lo prometido es deuda. En el capítulo anterior os habéis podido hacer una idea de lo que es el fuego y he intentado explicaros también por qué el agua, a diferencia de la gasolina, no arde. Pero no lo hemos resuelto todo. De hecho, me queda aclararos por qué el agua apaga el fuego. Es fácil de explicar. Lógicamente no basta con decir que el agua no arde porque tampoco lo hacen una piedra o un trozo de hierro y, sin embargo, esas cosas no apagan el fuego. Así que hay que ir más allá.

Comencemos por un sencillo ejemplo: un mechero. Si sopla el viento, la llama se apaga, como bien sabéis por pura y simple observación. No obstante, también hemos visto que el aire en movimiento facilita la combustión: por ejemplo, airear las brasas de la barbacoa es una práctica común para reavivar el fuego, y a menudo escuchamos en las noticias que, por desgracia, el fuerte viento ha propagado las llamas de un incendio en el bosque. Entonces, ¿en qué quedamos?

En realidad, ambos fenómenos tienen sentido. La única diferencia entre el mechero y el campo es evidente: el tamaño. ¿Es esa la razón? ¡Exacto! Como hemos visto, la temperatura en las diferentes zonas de una llama está directamente relacionada con las reacciones que en ellas se producen y que generan más o menos calor. También hemos tratado otra cuestión de pasada: son reacciones que, a su vez, requieren altas temperaturas para que puedan producirse.

Es una cuestión de velocidad. En frío, la leña o la gasolina no reaccionan con oxígeno. Podemos decir que en este caso la oxidación no tiene velocidad.

Si la temperatura aumenta, su velocidad empieza a diferenciarse de cero. A 20 °C la gasolina no reacciona con el oxígeno del aire. ¡Pobres de nosotros si lo hiciera! ¿Qué sucede con una pequeña llama o con la chispa en el cilindro de vuestra moto? Provocan un calentamiento, acotado pero intenso. Es el detonador que propaga de golpe la reacción. Así, a la temperatura establecida localmente por el agente externo la gasolina se oxida a gran velocidad, contribuyendo después a seguir calentando lo demás.

Definitivamente, un mistral a 40 nudos (unos 74 km/h) sobre las colinas de Livorno no es suficiente para enfriar esos pobres campos incendiados, provocando en su lugar el pernicioso efecto de alimentar las llamas con oxígeno nuevo. Además, esparce chispas y restos incendiados, que pueden ser el origen de nuevos focos. Por otra parte, una ráfaga de aire, aunque ligera, apaga un mechero. No hace falta gran cosa para enfriar ese mísero fueguecillo. Nosotros mismos podemos apagarlo de un soplido: nuestra respiración sale a 37 °C, evidentemente, mucha menos temperatura que la de la llama. También en este caso es una cuestión de enfriamiento y no de falta de oxígeno, del que retenemos solo una pequeña parte al respirar. Al entrar en los pulmones, el oxígeno ocupa casi el 21 % del volumen de aire respirado. Al salir su porcentaje disminuye solo al 17 %.

También el agua que se echa a un combustible encendido lo enfría. Por decirlo de alguna manera, «congela» la combustión, es decir, la ralentiza hasta el punto de hacerla desaparecer. El efecto refrigerador se debe a una doble propiedad de este líquido. Por un lado, posee un elevado calor específico, es decir, la cantidad de calor que un gramo absorbe al aumentar su temperatura de un grado. Es decir, a igualdad de peso, es capaz de enfriar mucho aquello con lo que entra en contacto. Por otra parte, tenemos la evaporación: cuando el agua toca un objeto candente, parte de ella se transforma rápidamente en vapor. Este fenómeno requiere calor, que sustrae del material encendido, enfriándolo más aún si cabe.

Pero esto no es todo. A diferencia de la piedra o del trozo de hierro que mencioné antes, el agua no termina junto a los objetos que quema o entre ellos. Los baña, los recubre. El oxígeno ya no los alcanza. En este sentido, el efecto del agua no difiere mucho del de un saco de arena, que de hecho está entre los instrumentos utilizados para apagar incendios. Incluso es preferible al agua en aquellos lugares en los que esta podría provocar cortocircuitos eléctricos. Por tanto, bienvenido sea este sistema a falta de algo menos primitivo, como, por ejemplo, un extintor.

VIII
UNA SENSACIÓN DE FRÍO

¿**P**or qué el agua sobre la piel nos da una sensación de frío mucho mayor que el aire si la temperatura de ambas cuando nos tocan es la misma? Pondré un ejemplo claro. Estoy en la playa bajo la sombrilla en un caluroso día de verano, sin un ápice de brisa. Pese a estar a la sombra tengo mucho calor, ya que además hoy hay mucha humedad. A mi lado hay un cubo de agua que llené hace una hora para que la hija de una familiar la utilizara para mojar la arena con la que construye castillos. Pero le ha dado una rabieta y su madre se la ha llevado.

El agua del cubo ha quedado a la sombra y ahora está exactamente a la misma temperatura que el aire, 32 °C. Estoy en la tumbona con los ojos medio cerrados, esperando el momento adecuado para ir a bañarme. Pero ese baño llega antes de lo previsto: el simpático de mi hijo mayor se acerca a escondidas, coge el cubo y me lo lanza encima.

Me sacudo y me quito las gafas para secarlas mientras me esfuerzo por sonreír y seguirle el juego a ese canalla que ríe a carcajada limpia. Si no, todos pensarán que soy un viejo cascarrabias. La sensación ha sido brusca, bastante desagradable, pero la verdad es que ahora me siento mejor porque el agua me ha refrescado. Y, sin embargo, estaba a 32 °C, exactamente igual que el aire que me rodea y que no me estaba refrescando en absoluto; es más, me asfixiaba. ¿Cómo se explican estos dos efectos tan diferentes?

Las dos propiedades del agua vistas en el capítulo anterior responden esta pregunta a la perfección. En primer lugar, el calor específico, que es mucho más bajo en el aire. Se calienta en cuanto entra en contacto conmigo, ya que mi temperatura es de 37 °C, es decir, cinco grados más que la suya. Por cada grado que aumenta el aire, cada gramo que contiene absorbe de mi cuerpo casi un cuarto de caloría. ¿Y el agua? ¡Fácil! Solo tenemos que recordar en qué consiste una caloría. Es una de las unidades de medida del calor, por tanto, es calor. ¿Qué tipo de calor? El que necesita 1 gramo de agua para aumentar un grado su temperatura. ¡Oh! Por tanto, para aumentar su temperatura el mismo número de grados, un determinado peso de agua absorbe una cantidad de calor cuatro veces mayor que una masa de aire del mismo peso. No es poco, pero la comparación en volumen es aún más desequilibrada, mucho más. Esto se debe al hecho de que los gases tienen pesos específicos mucho menores que los líquidos, es decir, a igualdad de volumen son mucho más ligeros, y viceversa, es necesario un volumen mucho mayor para que alcancen el mismo peso. Si el calor que reciben es el mismo, 1 cm³ de agua absorbe el mismo calor que casi 3 500 cm³ cúbicos de aire, es decir, 3,5 litros.

También está el efecto de la evaporación. Pese a que el día es muy húmedo, el agua que ha quedado en mi cuerpo en forma de pequeñas gotitas se evapora en pocos minutos. En este proceso, cada gramo de agua me roba 570 calorías. Aunque mi hijo no me hubiese regado, algo de evaporación habría tenido lugar en mi piel de cualquier manera: la de mi sudor. Pero la cantidad de agua que he recibido ha sido mucho mayor. La situación es completamente diferente en el cuarto de baño cuando salís de una ducha caliente. En ese caso el aire está saturado de vapor de agua.

El vapor no se puede ver, es transparente. La niebla que vemos no es vapor, como no lo es la del mar al amanecer. Ni siquiera las nubes son vapor. Están formadas por pequeñas gotas de agua o de cristales de hielo. Gotas o cristales tan minúsculos que se sostienen por el aire que va hacia arriba. Pero el vapor no, no lo puedes ver porque está formado por moléculas de H_2O aisladas entre ellas, cada una de las cuales tiene un diámetro de unas dos diezmillonésimas partes de milímetro (0,0000002 mm) y no interfiere con la luz visible.

Las pequeñas gotas y los microcristales son mucho más grandes: cada uno de ellos mide aproximadamente una decena de micras, es decir, una centésima parte de milímetro. Formados por unos 100 000 billones de moléculas, estos enormes cúmulos (considerando la escala atómica) difunden la luz y, por tanto, no los vemos. Lo mismo sucede con el humo blanquecino que sale por la tapa de la cazuela. Dejemos a los cocineros hablar de humo, ya que en cierto modo se aproximan más a la verdad que el que afirma poder ver el vapor. En efecto, el humo, el auténtico humo del que hemos hablado en el Capítulo VI (Por qué el agua no arde), es un aerosol, un conjunto de diminutos gránulos en suspensión. Lo mismo sucede con las pequeñas gotas de vapor condensado.

¿Y por qué esas nubecillas se disuelven tan rápidamente? Ante todo, diré por qué se forman. Precisamente en el Capítulo VI hemos hablado del equilibrio entre líquido y vapor, influenciado por la temperatura. El vapor en equilibrio con su líquido se denomina *saturado* y su presión aumenta al aumentar la temperatura. Si el agua hierve a la presión de 1 atmósfera (no en un refugio de montaña, donde la presión es mucho más baja, ni dentro de una olla a presión, cuya válvula se abre a 2 atmósferas), su temperatura se aproxima mucho a los 100 °C (son 100 exactos solo si el agua es pura, es decir, destilada). Su vapor tiene entonces la presión de 1 atmósfera. ¿Extraña coincidencia? ¡En absoluto! Un líquido hierve cuando la presión de su vapor saturado es igual a la del aire que tiene por encima. ¿Y por qué? Porque el vapor se forma no solo sobre la superficie externa, sino también en el interior de las pequeñas burbujas presentes en el líquido, sean o no visibles. Cuando su presión iguala a la externa, las burbujas se expanden y suben rápidamente. Es entonces cuando el líquido hierve.

En nuestro ejemplo el vapor sale de la olla a la presión de 1 atmósfera, porque en su interior la temperatura es de 100 °C. Una vez fuera, se enfría hasta alcanzar la temperatura ambiente, por ejemplo, 25 °C. A esa temperatura la presión del vapor en equilibrio con el agua líquida es de aproximadamente tres centésimas partes de 1 atmósfera. Por tanto, en el aire exterior el vapor se encuentra repentinamente sobresaturado y debe disminuir su presión hasta el nuevo valor. ¿Cómo? En parte se condensa; de ahí las pequeñas gotas, la nubecilla que vemos formarse. ¿Y por qué esa nubecilla se deshace tan rápido? Porque se diluye en el aire de la cocina, que no está saturada de vapor. Por ejemplo, la humedad relativa es del 65 %, es decir, la presión del vapor de agua está solo al 65 % de la que tendría si estuviese en equilibrio con el agua líquida. Una vez dispersas, las gotas no están en equilibrio, por lo que tienden a evaporarse para aumentar la presión del vapor. Pero la cocina, aunque sea la de un pequeño apartamento moderno, es demasiado grande para sus posibilidades y no consiguen saturarla de vapor. En definitiva, se evaporan por completo sin que el equilibrio se restablezca, es decir, sin que el vapor alcance esas tres centésimas partes de atmósfera.

Volvamos a la ducha caliente. Es una tarde de invierno, fría y lluviosa. Has estado hora y media corriendo en un campo de fútbol convertido en una piscina y estás empapado y lleno de barro. Para colmo, tu equipo ha perdido por un solo gol de diferencia y estás de un humor de perros. En cuanto los tres pitidos señalan el final del partido, desfilas con los demás hacia los vestuarios y te metes debajo de la ducha. ¡Hacía falta! Te alargas un rato y al terminar abres un poco la puerta que cierra la cabina y extiendes la mano hacia el toallero donde habías dejado el albornoz. ¡Maldita sea! Ya no está. Lo habrá cogido alguien, probablemente por error. Protestas y miras alrededor, descubriéndolo a la derecha, encima de la mesa que hay junto a la pared. Te lanzas a por él, protestando cada vez más alto. Y ahí está Mario, como siempre, con ganas de bromear, diciéndote entre risas que si te pones así, la próxima vez lo esconderá de verdad.

De momento prefieres no hacer caso de ese pesado y cruzas la habitación para coger el albornoz. Pero mientras, te has enfriado. ¿Por culpa del agua que evapora de tu piel? Esta vez te diré que no, porque la sala está llena de niebla, es decir, de vapor que ha salido caliente de las cabinas de ducha y se ha condensado en pequeñas gotas, tal y como sucedía en la olla de la cocina. Sin embargo, en este caso las proporciones son diferentes y el aire está saturado de vapor acuoso. El equilibrio es estable y el vapor no puede aumentar su presión ni, por consiguiente, su cantidad. Si has sentido frío es porque en esa sala la temperatura es más baja que dentro de las cabinas, calentadas por el agua que salía de la ducha. Te habías acostumbrado al hervor de ahí dentro. Pero aquí hay 24 °C, que no es poco, aunque existe una diferencia que tú has notado. Eso es todo.

IX
SAL EN LA CARRETERA

¡Cuidado con el hielo! Es lo que te ha dicho tu madre cuando salías de casa para ir a clase en bici o en moto. Al mirar por la ventana ha visto los coches aparcados cubiertos de escarcha. Ha deducido que fuera estamos bajo cero y se ha preocupado al pensar que podías resbalar en el asfalto helado y hacerte daño al caer o, peor aún, chocar con un coche.

Sí, sí…, has respondido armándote de paciencia. Pero ahora que estás en la calle te das cuenta de que tenía toda la razón. Ayer por la tarde el aire era húmedo y relativamente cálido, pero por la noche el cielo se ha serenado y la temperatura ha descendido. La humedad de la tarde se ha transformado donde menos te lo esperas en ese dichoso suelo de cristal. Debes ir muy despacio. Si no, vas a tener un problema cuando llegues a la curva y te inclines para contrarrestar la denominada *fuerza centrífuga* (en realidad, para aprovechar la atracción terrestre y no caer del lado contrario por inercia). En el hielo, la fuerza de rozamiento es casi nula, las ruedas pierden adherencia y puedes terminar en el suelo con solo inclinarte un poco. En caso de frenar bruscamente te convertirías sin querer en un patinador incapaz de controlar la frenada y el equilibrio.

Más a las afueras, donde los coches no van tan despacio, la dificultad y el riesgo es aún mayor. Es entonces cuando se ponen en marcha los camiones para esparcir sal de forma que el maldito estrato de hielo se funde y el riesgo de deslizar desaparece. También se funde la capa formada por la presión de los vehículos sobre el asfalto cuando este se cubre de una nevada ligera. ¿Cómo funciona la sal?

En primer lugar, es necesario aclarar que lo que se utiliza en las carreteras no es el cloruro de sodio puro que tenemos en la cocina. La razón es que la sal no refinada cuesta mucho menos y funciona igual de bien para fundir el hielo del asfalto. Además, se mezcla con grava o arena para evitar que los neumáticos deslicen.

La sal se deshace en el agua que encuentra en el hielo o, en su ausencia, la busca sustrayendo moléculas de H_2O de la retícula cristalina de este. De una manera u otra se forma líquido salino. En este momento se debe establecer un equilibrio entre la sal sólida y el hielo, porque las relaciones de solubilidad nunca son casuales. Lo veremos. Mientras, el líquido se encuentra muy concentrado porque al principio la cantidad de sal es mucha. Entonces se funde un poco más de hielo y diluye la solución.

Pero ¿por qué, a diferencia del agua de la lluvia o del grifo, el agua salada no se hiela? Bueno, esto no es exactamente así. Por ejemplo, el agua del mar, que en cada litro contiene 27 gramos de cloruro de sodio y 5 o 6 gramos de otras sales, no se congela a 0 °C, pero sí a -2 °C. Por tanto, si el aire está a -2 °C y la superficie del mar no se mueve (de lo contrario, el agua se mezcla continuamente con la que tiene debajo, que está más caliente), se forma una capa sólida de hielo que contribuye a aislar el resto del aire y a impedir el intercambio de calor. En definitiva, no es fácil que la congelación alcance grandes profundidades.

Aunque parezca extraño, el hielo formado no es salado. En consecuencia, la sal se concentra en la parte líquida del agua. Es por esto por lo que la reconstrucción de la antigua salinidad de los mares ha permitido a geólogos y paleoclimatólogos conocer la mayor o menor extensión de las placas de hielo del planeta en épocas pasadas. Un mar más salado se relaciona con más casquetes polares y hielos montañosos, mientras una menor salinidad significa que se ha diluido mucha sal en aguas marinas.

Las sustancias disueltas, como la sal en el mar, disminuyen el punto de congelación del disolvente, llamado también *punto de fusión*. Es lo mismo, solo hay que cambiar el punto de vista: solidificación y fusión son fenómenos opuestos, pero ocurren a la misma temperatura. Antes no he querido dar mucha importancia al hecho de que las sales presentes en el mar son de diferente naturaleza. El cloruro de sodio es el más abundante, pero no hay que desdeñar los yoduros, carbonatos y sulfatos de sodio, calcio y magnesio. La disminución del punto de fusión depende únicamente del número de partículas diluidas en un determinado volumen de líquido, no de su naturaleza. Los iones sodio y de calcio, magnesio, cloruro, yoduro y sulfato tienen el mismo efecto.

En realidad, la única diferencia que importa es la de tipo numérico. Por ejemplo, el sulfato de sodio (Na_2SO_4) importa vez y media más que el sulfato de magnesio ($MgSO_4$). Mientras el segundo, en agua, se disocia en iones magnesio Mg^{+2} y un mismo número de iones sulfato SO_4^{-2}, el primero da lugar al doble de iones sulfato que iones sodio Na^+. Al escribir los símbolos sin una cifra al lado del + se sobrentiende la cifra 1, una sola carga positiva. Como consecuencia de todo esto, puesto que cada sal en su conjunto es eléctricamente neutra, son necesarios dos iones sodio para contrarrestar la doble carga negativa de un ion sulfato. Este es el motivo por el que hay un pequeño 2 junto a Na en la fórmula del sulfato de sodio.

Es necesario tener en cuenta las respectivas disociaciones y el hecho de que los iones de diferente tipo tienen diferente masa. La masa de los iones sulfato es casi el triple que la de los iones cloruro, por lo que cada kilo de cloruro de sodio contiene (es decir, puede liberar) un 60 % más de iones que el sulfato de sodio. La disminución del punto de fusión va pareja. Si añadimos que el cloruro cuesta menos, ya tenemos una explicación lógica y coherente de por qué los técnicos que transportan y esparcen la sal anticongelante en las carreteras prefieren el cloruro.

A estos efectos también se encuentra bastante extendido el cloruro de calcio, $CaCl_2$, aunque tiene algunas desventajas respeto al cloruro de sodio. Para empezar, debe conservarse cerrado, de lo contrario absorbe rápidamente la humedad del aire (es muy higroscópico) y al momento de utilizarlo se encuentra ya «descargado». En segundo lugar, está el motivo universal que al final lo impregna todo: el precio. Al tratarse de un subproducto industrial cuesta relativamente poco: se forma, de manera colateral, en la preparación de la soda Solvay. Todavía no es capaz de competir con el cloruro de sodio, más económico al ser tan abundante en el mar y en otros muchos depósitos subterráneos (sal gema).

De forma análoga a lo expuesto anteriormente para el sulfato, a igualdad de peso, el cloruro de calcio produce solo el 79 % del efecto del cloruro de sodio. No supone una enorme desventaja, si bien añadido a su mayor coste confirma que el cloruro de sodio es más conveniente. No obstante, el cloruro de calcio también se utiliza. ¿Por qué? Simple. Al deshacerse libera una gran cantidad de calor, lo que contribuye a fundir el hielo. Por el contrario, la sal sódica absorbe calor al disolverse. ¿Os acordáis de la película *También los ángeles comen judías,* uno de las tantas que hizo famoso a Bud Spencer? Para los que no la recuerden, estaba ambientada en Chicago hace unos 80 años. En ella, Sonny, un joven y astuto vagabundo, evoca en un momento dado su antiguo oficio de heladero. Para enfriar la nata en su justa medida durante la preparación –cuenta– es importante saber añadir la sal al hielo picado que hay alrededor del recipiente que la contiene.

En la época en la que se ambienta la película, los frigoríficos eléctricos no eran de uso común en las casas o en los laboratorios artesanales. En los mercados había grandes bloques de hielo a la venta para uso doméstico, pero para hacer helado la temperatura debe estar bastante por debajo de los 0 °C. ¿Y entonces qué hacer? Podéis entreteneros haciendo el experimento: meted en una cazuela hielo picado y sal y mezclad bien. Si introducís un termómetro en la mezcla (limpiadlo cuando terminéis), veréis que la temperatura desciende varios grados por debajo del cero. La humedad del aire, condensada en las paredes externas de la cazuela, se convertirá en una capa helada. Al fundirse, la sal no solo deshace una parte del hielo, sino que sustrae calor a todo el conjunto y la temperatura bajará.

¿Hasta dónde podéis llegar con este experimento? Bastante lejos, pero hay un límite. Cuando la sal de la solución alcanza un 23 % del peso, si todavía hay exceso de sal, obtendréis una temperatura cercana a los -21 °C. Bajar de ahí es imposible. Habéis preparado lo que se denomina mezcla eutéctica, y las condiciones de temperatura y composición son las únicas en las que pueden existir contemporáneamente hielo (agua pura sólida), sal sólida (es decir, sin disolver) y la solución de sal en agua, quedando todo ello en equilibrio. No es posible disolver más sal a menos que poco a poco la mezcla se caliente en contacto con el ambiente.

En las carreteras no tiene sentido llegar hasta el punto eutéctico, que precisaría una cantidad enorme de sal cara y antiecológica, ya que acaba sobre la tierra y «quema» la vegetación. Además, desde el punto de vista económico, ocasionaría un grave perjuicio al acero de los vehículos, acelerando su corrosión. Tened en cuenta que, cerca del mar, donde el aerosol salino se impregna en todas partes, combatir el óxido es una batalla perdida. Es posible, en todo caso, retrasar su inevitable progreso utilizando aleaciones inoxidables y barniz protector, otro cometido para los químicos.

X
LISO O RIZADO

Buenos días, chica de pelo rizado. Ayer no lo tenías así, sino liso como una tabla. Quizá fuiste a que te lo alisaran y hoy tus rizos naturales han vuelto. Un día húmedo elimina cualquier tratamiento, lo sabes por experiencia. Lo que no sabes es el porqué. Pero la química te lo puede explicar.

El cabello, al igual que todo el vello corporal y las uñas, está compuesto en su mayor parte por una proteína denominada *queratina*. Su estructura secundaria (la primaria es la de los aminoácidos concatenados) recuerda un folio plegado a modo de fuelle o una espiral. En el primer caso se obtiene la llamada *queratina β*, en el segundo, la *queratina α*. Es esta última la que se encuentra en el pelo en condiciones normales. Entre una espiral y otra se establecen enlaces de hidrógeno. Para que te hagas una idea, imagina una escalera de caracol en cuyos bordes hay columnas que van de un escalón a otro que se encuentra verticalmente encima de él en el giro superior.

En química, se denomina *enlace de hidrógeno* al tipo de atracción que se produce, por ejemplo, entre las moléculas de agua (H_2O). Un átomo de hidrógeno se encuentra entre dos de oxígeno, uno de los cuales está unido mediante un enlace interno a la molécula a la que pertenece mientras el segundo forma parte de otra molécula. Este es el motivo por el que antes se llamaba *fuerza por puente de hidrógeno:* un puente entre dos moléculas cercanas. Este tipo de atracción tiene lugar cuando un átomo de hidrógeno se encuentra entre dos átomos de elevada electronegatividad, es decir, con una fuerte tendencia a atraer hacia sí mismos a la pareja de electrones compartidos en un enlace covalente (ver Capítulo VI: Por qué el agua no arde).

Oxígeno y nitrógeno son elementos muy electronegativos, mucho más que el hidrógeno. Por tanto, un enlace hidrógeno-oxígeno o hidrógeno-nitrógeno no es simétrico. La pareja de electrones que comparten los dos átomos pasa mucho menos tiempo cerca del hidrógeno. Como consecuencia, el enlace se encuentra polarizado, es decir, el oxígeno o el nitrógeno poseen una pequeña carga eléctrica negativa, y el hidrógeno, una pequeña carga positiva. La cercanía de un segundo átomo muy electronegativo (por ejemplo, el átomo de oxígeno o nitrógeno de otra molécula), que a su vez posee una pequeña carga negativa, genera una atracción electrostática más débil que en un enlace iónico como el del cloruro de sodio (en $Na^+ Cl^-$ las cargas son enteras y no parciales), pero en absoluto desdeñable.

Lo que une las dos espirales de ADN son enlaces de hidrógeno, envueltos en la famosa doble hélice. Este tipo de enlace es de importancia capital en los seres vivos. Como ya he mencionado, se encuentra también en el pelo. Cuando vas al peluquero a que te lo alisen o a hacerte la permanente, la química que hay detrás es la misma. El agua, presente en gran cantidad, penetra en algunos de los enlaces de hidrógeno de la queratina, de forma que los puentes presentes de forma natural se sustituyen por los enlaces de hidrógeno del agua. De esta forma, las espirales que se mantenían unidas quedan ahora desvinculadas. Los filamentos se liberan y adquieren la capacidad de curvarse o estirarse obedeciendo a los rulos o al cepillo, respectivamente. Una vez que el secado elimina el agua añadida, la queratina vuelve a formar los enlaces de hidrógeno entre sus espirales, pero no en su posición original, sino siguiendo la geometría impuesta por el peluquero.

Como es obvio, el efecto es solo pasajero. Bien por tu sudor, bien por el aire de días húmedos como el de hoy, nuevas moléculas de agua fluyen por tu pelo. Estas moléculas reabren los enlaces de hidrógeno y la queratina volverá a colocarlos en su posición original, según su formación más estable. Adiós alisamiento. O adiós rizos para las chicas que, al revés que tú, prefieren una cabellera con movimiento.

En ambos casos, como sabes, se puede conseguir un efecto más duradero con solo pedir a la química una ayuda más contundente en vez de una simple explicación. Las espirales de queratina no solo se endurecen por los enlaces de hidrógeno. Los enlaces covalentes que se forman entre las dos espirales son mucho más fuertes, conectando aminoácidos que contienen azufre. Son los llamados *puentes de azufre*, –S-S–. La S representa un átomo de azufre y los guiones externos indican enlaces con la espiral. El agua no afecta a estos puentes, que podrían resistir una inundación. Pero hay más armas en el arsenal de la química. Un primer baño a base de una sal del ácido tioglicólico reduce el puente y lo corta, dejando a ambos lados dos muñones –S-H. Como ya has visto en el Capítulo III (Una larga historia de casi tres siglos), reducir significa «adquirir electrones». En el puente de disulfuro el estado de oxidación del azufre (ver Capítulo VI: Por qué el agua no arde) es -1; sin embargo, en los grupos –SH es de -2. Por tanto, a diferencia del elemento azufre en estado puro y aislado, en el puente de disulfuro cada átomo de azufre se encuentra con un electrón extra, de forma que pasan a ser dos en –SH. Es decir, al pasar de –S-S– a los dos –SH, cada átomo de azufre adquiere un electrón.

Ahora que una parte del puente está rota, la queratina es mucho más dócil y podemos estirarla u ondularla a voluntad. Para formar puentes en las nuevas posiciones, se requiere una reacción química opuesta a la anterior. ¿Qué es lo opuesto a la reducción? La oxidación, como vimos en el Capítulo VI. Para fijar la forma artificial se utiliza agua oxigenada (H_2O_2). El nombre científico de este compuesto es *peróxido de hidrógeno*. En general se denominan peróxidos a las sustancias en las que existe un solo enlace oxígeno-oxígeno. En los peróxidos, este elemento tiene un estado de oxidación de -1, pero tiende a pasar a -2, es decir, a reducirse. Necesita más electrones, uno para cada átomo. ¿Quién se los proporciona? Tenemos los grupos –SH: pasando de -2 a -1, es decir, formando nuevos puentes –S-S–, cada átomo de azufre pierde el electrón que necesita el oxígeno. El intercambio se ha producido: con la trasferencia de electrones del azufre al oxígeno, el agua oxigenada se convierte en agua normal, oxidando los grupos –SH a –S-S–. Aparecen de nuevo los puentes, pero esta vez en la posición impuesta por el alisamiento o por los rulos.

Ahora la queratina queda inmovilizada durante más tiempo en los rizos de la señora harta de su pelo liso o, por el contrario, en esa tabla que tanto deseas. Pero si tanto tú como ella hicieseis caso a un viejo químico, os conformaríais con lo que os ha dado la naturaleza. Estoy intentando disuadiros por motivos sanitarios. Los productos para la permanente pueden ser peligrosos en manos inexpertas, produciendo daños en la piel y los ojos o estropeando el pelo. Por lo que olvídate del «hazlo tú mismo». En manos de peluqueros expertos el tratamiento es seguro, si bien, como dije anteriormente, se trata de un arma potente. No es precisamente una caricia. Si realmente queréis hacer uso de ellos, que sea un capricho ocasional, no una costumbre. Una vez os hayáis aplicado un tratamiento capilar, os miraréis en el espejo y, probablemente, os gustaréis durante un tiempo. Si luego os aburrís y decidís no volver a hacerlo, mucho mejor. Vuestro pelo os lo agradecerá.

XI
PASEN Y VEAN

Bueno, querida juventud. Hasta ahora he evitado mostraros lo más asombroso de la ciencia. No he querido impresionaros con las faraónicas instalaciones de la gran industria, los dispositivos ciclópeos de la física subnuclear, las estaciones espaciales que giran encima de nuestras cabezas o los supertelescopios que exploran el universo.

He preferido hablaros de bebidas con gas, gafas de sol, videojuegos, papel carbón, fuego, agua, calles congeladas y pelo rizado. Cosas cotidianas que, sin embargo, conocías solo por encima. La profunda realidad que hay detrás la ignorabais tanto como ignoráis el material del que están hechos los trajes de los astronautas o cómo está construido el ordenador más potente del mundo, temas habituales en los espacios científicos de la prensa y la televisión.

La iniciativa «Fábricas abiertas» que, especialmente en el Año Internacional de la Química, puso a los alumnos en contacto con estos lugares y en la que pude participar es, sin duda, excelente. Pero en esta primera parte del libro he querido enseñaros que la química está en todas partes; explica y crea todo aquello de lo que se compone nuestra vida material.

Si he conseguido interesaros tanto que consideráis una buena idea matricularos en un grado químico, preguntaos cuántas horas queréis dedicar al estudio en los próximos años. Porque estudiar química no es ninguna broma. Si os imagináis disfrutando de la vida, pasándolo bomba mientras presumís de ser estudiantes universitarios, sabed que graduaros os llevará mucho, pero que mucho tiempo. Si es que lo conseguís. ¿Estáis seguros de que pasar así los años de juventud será bueno? ¿Que os preparará para la vida? ¿Qué es justo mientras tanto cargar de peso a vuestros padres? Hacedme caso: si esto es lo que pensáis, entonces matriculaos en cualquier otra carrera irrelevante disfrazada de cultura y otra palabrería. Hay bastantes.

Es por esto por lo que en la primera parte de la introducción os he invitado a quedaros solo con lo bueno de la orientación universitaria, sin dejaros confundir por quien intenta convenceros utilizando la espectacularidad. Ya que no pretendo en absoluto negar la importancia de aquello que es bello, curioso y vibrante, os contaré un episodio personal. Hace unos diez años, en la familia, pusimos en marcha una actividad profesional de producción de vídeos de temática científica y tecnológica. Nuestro primer cortometraje, *Conocer la química, ¿por qué?*, fue un encargo de la Sociedad Química Italiana destinado a orientación universitaria. Durante su elaboración, discutimos los contenidos y el tono con nuestros clientes. Un profesor universitario prefería un enfoque diferente al que habíamos elegido. Era un docente de gran recorrido, muy implicado en promover la química entre los jóvenes. Por cuanto me dijeron, les entretenía con estratagemas de gran espectacularidad, no sé cómo de cercanas a la ciencia, al menos de forma directa. Escuché, por ejemplo, que en los encuentros con los estudiantes de colegios e institutos aparecía en el auditorio a lomos de una estruendosa moto. Supongo que después llegaba la química, probablemente empezando con la moto.

¿Estaba mal? Por supuesto que no. Es solo una cuestión de enfoque. En mi opinión, con ejemplos así el público puede quedar impactado por el medio (como esa bonita moto, deseada por muchos jóvenes) sin tener en cuenta el fin, la elección de una carrera química. Un grupo de investigadores de los Estados Unidos creó el espectáculo *Rock Stars of Science*, apareciendo en público acompañados de estrellas de la canción. Muchos de sus compatriotas de bata blanca eran escépticos: ¿qué tiene que ver el rock con la investigación científica? ¿De verdad los adolescentes, incapaces la mayoría de concentrarse en algo durante más de 20 segundos, están preparados para pasar de las notas musicales a la belleza de la ciencia?, cuestionaron algunos detractores. Es más, los jóvenes son despreocupados, pero no tontos. No van a caer en la trampa, saben perfectamente que los científicos no somos estrellas del rock.

Otros científicos han optado por tatuarse llamativas imágenes de la ciencia, como fórmulas de hidrocarburos policíclicos, modelos de átomos o esquemas del ciclo del carbono. Un conocido divulgador estadounidense, Carl Zimmer, es autor de un libro ilustrado, *Science ink* (La tinta de la ciencia), publicado en 2011. En una entrevista realizada por Marco Milano para la revista digital *Scienzainrete*, Zimmer explicaba que «es importante no caer en la rutina a la hora de presentar la ciencia al público». De acuerdo, pero ¿cuántos jóvenes (y de qué tipo) se matricularán en una carrera química por ver en una espalda en la playa un átomo tal y como lo imaginaba Bohr?

Yo creo, sin embargo, que inculcar en el público intereses alejados de los que la ciencia puede suscitar realmente es contraproducente. El vídeo que mencionaba anteriormente, si bien procuraba ser entretenido, ilustraba lo que implica matricularse en química tanto en la universidad como fuera de ella. Se mostraban ejemplos de aplicaciones en numerosos sectores de vanguardia, con especial hincapié en una formación intelectual que abre la mente a la comprensión del mundo material y que la prepara para enfrentarse a problemas prácticos y profesionales en una gran variedad de campos. Pero antes de todo esto se incluía un fragmento de lección universitaria acerca de un tema deliberadamente duro, la termodinámica de la contaminación por óxido de azufre.

En vez de dejarlo en manos del *rock* o de los tatuajes, la intención era estimular las ganas de enfrentarse a retos difíciles. Ganas que no escasean en jóvenes inteligentes, solo necesitan un pequeño empujón. Imaginaos que tenéis que preparar un cartel para reclutar militares. No exhibiréis en él lujos y comodidades. Más bien plantaréis en primer plano a un sargento de sonrisa dura, boca abierta en una tensa mueca y brazo levantado dando la orden a su pelotón en el fragor de la acción. Como diciendo «únete a nosotros, si eres un tipo duro. Aquí no hay sitio para cursis y perezosos».

Haced química y tendréis grandes satisfacciones..., si os las sabéis ganar. A vuestra edad no me habría quedado indiferente: ¿por qué yo no iba a poder? Muchos de los que dais la talla también os sentís desafiados y no queréis echaros atrás. Adelante, la química puede daros muchas cosas y vosotros tenéis mucho que dar a la química. Al comienzo del libro he citado el discurso de Giorgio Squinzi en la Escuela Normal de Pisa durante la inauguración italiana del Año Internacional de la Química. Como presidente de los químicos industriales, Squinzi recordó que son necesarios muchos graduados en química para el desarrollo del país y añadió: «Cuantos menos graduados, o graduados menos preparados, menor es nuestra competitividad». Es importante el número, pero también el nivel.

Muy oportuna la insistencia de Squinzi acerca de la calidad de los nuevos graduados en química. Su organización ya había insistido previamente en la necesidad de una gran cantidad de alumnos en química. En cuanto al nivel, la universidad todavía otorga poco peso a este aspecto. Es quizá por eso por lo que la propaganda en colegios e institutos se apoya en una espectacularidad que corre el riesgo de alejarse de la ciencia, como decía. Sin embargo, ¡bendita la espectacularidad inherente a la química! Existen profesores que con mucho gusto salen de la torre de marfil de sus laboratorios para sorprender a los jóvenes con auténticos juegos de magia o, mejor dicho, con reacciones químicas que parecen magia. Apariciones, fenómenos extraños, colores fantasmagóricos. Bravo, fantástico. Incluso útil, puesto que no se trata de cantos de sirena: el espectáculo es química en estado puro. Gusta y se presta a incluir explicaciones científicas. Esta sí se trata de una propaganda sana, capaz de transmitir el mensaje adecuado. De entre todas las personas que se dedican a esta labor, merecen especial mención dos docentes de la Universidad de Palermo: Michele Antonio Floriano y Roberto Zingales, que desde hace años atraviesan Italia entusiasmando a los chavales con sus exhibiciones. Como químicos, no como estrellas del *rock*.

Los jóvenes —como decía al comienzo de esta primera parte— tenéis que saber distinguir. Por vuestro bien. Para evitar decepciones, para no sentiros inadaptados y tener que cambiar después de haber perdido todo un año. O para no estar dando tumbos hasta un probable abandono de los estudios o una carrera forzada que finaliza a duras penas cerca de los 30.

¿Y sabéis una cosa que pocos miembros de la química comprenden? Reclutar alumnos que no están a la altura no es solo perjudicial para ellos, sino también para la universidad, que carga con muchos pesos muertos. La propia industria —ya lo dijo Squinzi— no se beneficia en absoluto. Es más, a la hora de contratar aspirantes, debe hacerlo entre una muchedumbre en la que los mejores son una minoría difícil de reconocer. En definitiva, es en vosotros, jóvenes, en quien reside la responsabilidad del futuro de la química.

Cuidado, por tanto, con caer en las redes del charlatán de circo que os invita a pasar a ver el espectáculo. Me disculpo por la maldad, pero me ha parecido oportuno utilizarlo como título para este capítulo.

Segunda parte

UNA MANO DE VERDE

XII
MÁSCARAS

En la primera parte he abordado la poca franqueza con la que se presenta la química como estudio universitario para futuros alumnos. Ahora tocaré otras teclas y me dirigiré a un público más amplio y variado.

Frente a la palabra *química*, entendida como un palabro, frente a una imagen falseada por ambientalistas irracionales, a menudo se levantan voces apologéticas. Prensa, radio y televisión son culpables de no otorgarles el espacio que merecen, puesto que en términos de tirada o audiencias el catastrofismo es mucho más rentable; es fácil sacrificar la verdad en beneficio de los resultados económicos, peligro si no son buenos. Yo mismo he contribuido al intento de hacer pensar a la gente acerca del papel de la química en el ser humano y en la sociedad. Mi libro *El secreto de la química* y muchos de mis artículos publicados a lo largo de los años en revistas y periódicos tienen esa finalidad. En esta segunda parte del presente volumen (y en la tercera) aumentaré el radio de acción, volviendo la mirada hacia dentro, en la casa de la propia química, donde desde luego no seré yo quien defienda que todo es auténtico y transparente.

Aquellos de vosotros que hayáis estudiado latín en clase habréis tenido la ocasión de leer alguna fábula de Fedro, como la famosísima del lobo y la cabra. Menos conocida, aunque igualmente instructiva, es la que habla de otro lobo: *Lupus, ovis pelle indutus, ovium se immiscuit gregi.* Con el fin de asegurarse la caza, un lobo se mezcla en un rebaño camuflándose astutamente con una piel de oveja. Pero su malicioso plan falla y es descubierto, acabando mal parado.

La moraleja, sabia en su antigua simplicidad, nos enseña que simular ser otra cosa durante mucho tiempo no compensa. Me gustaría que ciertos sectores del mundo de la química meditasen acerca de esta fábula, en concreto los que promueven iniciativas de dudoso color que pretenden maquillar la química de verde. Cada uno a lo suyo: ¿qué sentido tiene mezclarse con el «rebaño ambientalista»? No hace falta transformarse. La humanidad debe mucho a la química; hablaré de ello ampliamente en la tercera parte.

Invito a los lectores sin prejuicios hacia la química a evitar, de la misma forma, la trampa contraria. No otorguéis demasiada importancia a la denominada *química verde,* pese a ser promovida por la industria y por no pocos grupos de investigación. Da la impresión de que el sustantivo *química* solo es aceptable junto a ese adjetivo. Pero no, no es así en absoluto. No se trata de rehabilitarla con la palabra verde, de levantar una excomunión ni de esconder una mala fachada. El recubrimiento de ese bello color es un acto sincero por parte de algunos, pero sospechoso en otros muchos casos. ¿No será una forma de abrirse camino a codazos entre la marabunta de investigadores que espera ansiosa financiación por parte de la Unión Europea? Desde la industria, la que fuera directora de comunicación del grupo Mapei, Adriana Spazzoli, advirtió a comienzos de 2012 que el *greenwashing* (término inglés para «lavado de cara verde») «repercute de forma negativa en la reputación de la industria al ser desenmascarado por la opinión pública».

Percibo por todas partes un ansia por devolver a la química una especie de virginidad. ¡Pero hay mucha basura debajo de la alfombra! Ha llegado el momento de que uno de los químicos acostumbrado a defender frente al público la ciencia y las aplicaciones prácticas de la química por fin la saque de ahí. Lo considero necesario, imprescindible. Pero no mezclemos las cosas. Hay que admitir ciertos aspectos que se resumen en pocas palabras: descuido y mala gestión. Sin embargo, es necesario distinguir los casos aislados de un conjunto que no necesita de tintes verdes.

Percibo en el afanoso abrillantamiento un riesgo intrínseco, en línea con la afirmación de Spazzoli. Muchos de vosotros habréis advertido en ello una dosis de artificio, lo que os habrá empujado a recelar de algo que se descubre con solo rascar la capa verde. Ya veréis que los atentados ambientales y sanitarios continuarán de cualquier forma; los químicos siguen vendiendo humo con ese aire de conversos. El ambientalismo no es más que una máscara para seguir timándonos.

No obstante, existe una masa de científicos serios que utilizan el conocimiento científico para la mejora del ambiente en el que vivimos. No me refiero solo a aquellos que analizan el aire y el agua o trabajan para remediar la contaminación. Hablo de todos los químicos que siguen adelante con las infinitas aplicaciones prácticas de la ciencia al tiempo que respetan nuestro bello planeta. Es este el verde digno de admiración.

Algún demente cree estar trabajando en la única misión científica que merece ser emprendida. Otros eligen el terreno que van a cultivar según sopla el viento, con el único criterio de la promoción personal. Por suerte, existen además los químicos que no piensan únicamente en transformar la ciencia, sino que solo pretenden renovar y mejorar el rendimiento del entorno, incluido el ambiental. La química «verde» tiene una misión si no se quiere que todo lo relacionado con esta ciencia acabe en el vertedero. Los siguientes capítulos os enseñarán cosas importantes: desde la producción de fármacos anticancerígenos sin recurrir a la destrucción de una rara especie de árbol a la desalación del agua del mar fabricando membranas que respetan el medio ambiente, pasando por un método limpio y eficiente para preparar café descafeinado.

Las ventajas contrastan con el abuso del «verde» y del «bio», cantos de sirena con fines propagandísticos, ideológicos y comerciales. Cuántas personas acuden al gimnasio y después van al trabajo en coche o en moto, aunque esté a un solo kilómetro, o cogen el ascensor para subir dos pisos. Una vida en continuo y espontáneo movimiento sería mucho más eficaz. ¡Pero intenta tú convencerlas! Los ídolos tienen ejércitos de seguidores, ilusos de los biocarburantes, de los alimentos biológicos y, en general, de la economía verde. De boquilla, a todos les gustaría volver atrás. ¡De boquilla! Son ellos los que menos sabrían renunciar a lo superfluo e inútil de la modernidad. Distingamos, por tanto, el verde del verde.

XIII
LA TENDENCIA A LA UNIFORMIDAD

Estáis de vacaciones en un camping de playa sin canalización de agua y aun así sale agua dulce del grifo. ¿La traen en camiones cisterna? Puede ser. Pero si no veis trasiego de este tipo de vehículos, el agua se coge del mar y se desala. ¿Así de fácil? Bueno, hace tiempo que existe esta tecnología en el mercado. Para ser exactos, existe más de una, empezando por la destilación. Se trata de tecnologías costosas, especialmente por la cantidad de energía que consumen. Si preguntaseis al dueño del camping, os respondería que su desalador funciona por ósmosis inversa.

Para explicar este concepto debo retroceder varios años, nada más y nada menos que hasta 1748. Ese año se produjo un descubrimiento. El cura francés Jean Antoine Nollet fue el primer profesor de física experimental en la Sorbona de París. Era además miembro de la Royal Society, célebre institución británica dedicada a las ciencias de la naturaleza. Aquel año, Nollet describió con precisión el fenómeno de la ósmosis. El término proviene del griego osmòs, que significa «impulso». Nollet se percató de que cuando una membrana separa una solución acuosa del agua pura, esta última presiona con fuerza sobre la primera, llegando incluso a romperla o, en todo caso, atravesándola para diluir la solución que se encuentra del otro lado (véase la imagen de página siguiente).

El científico francés utilizaba en sus experimentos vejiga de cerdo y la solución era alcohol etílico (espíritu de vino, como se decía entonces). Este compuesto orgánico puede convertirse en 100% puro («absoluto») únicamente mediante métodos sofisticados, posibles en un laboratorio moderno, pero del todo desconocidos en aquella época. Destilando el vino, se obtiene *brandy*; de la uva fermentada, la *grappa*; de la malta de los cereales, el *whisky* o el vodka; de la sidra, el calvados.

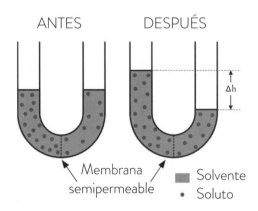

Estas bebidas alcohólicas contienen una gran cantidad de agua, un porcentaje de alguna decena. Utilizando destiladores cada vez más eficientes podemos obtener un alcohol mucho más concentrado, unos 70° (es decir, 70% del volumen), 80, 90... Los vapores condensados contienen alcohol en dosis crecientes, mientras su temperatura desciende. Esto es lógico si pensamos que a la presión de 1 atmósfera el agua pura hierve a 100 °C, mientras el alcohol puro lo hace a 78,4 °C. Un destilador funciona mejor cuanto más separa los dos componentes y libera un vapor más rico en alcohol. Por eso, el líquido condensado por el mejor mecanismo es el más parecido a este compuesto también a temperatura de ebullición. Parecería capaz de alcanzar el alcohol puro. Sin embargo, no es posible superar el 95,6%. Esta concentración da lugar al denominado *azeótropo*, término adoptado del griego que significa que la ebullición no provoca cambios. Los vapores obtenidos al calor de una mezcla formada por un 95,6% de alcohol y un 4,4% de agua tienen la misma composición que la mezcla líquida. Es inútil hacerse ilusiones: por esta vía no es posible purificar más allá del 95,6% de alcohol.

Por tanto, Nollet no podía disponer de alcohol etílico puro y utilizaba alcohol acuoso. El experimento funcionaría de cualquier forma con alcohol absoluto, es decir, 100% puro, que rápidamente dejaría de serlo. Se puede realizar también con otros disolventes diferentes al agua, con tener una membrana adecuada es suficiente. Pero, por lo general, es el agua lo que interesa. ¿Sabéis por qué al inyectarnos un fármaco a través de una vía intravenosa no se diluye en agua simple, sino en agua salada? Porque, de lo contrario, sería un gran problema para nuestra sangre (o sea, para nosotros). Las membranas externas de los glóbulos rojos se encontrarían entre dos líquidos acuosos de diferente concentración. El agua inyectada no contendría suficientes sustancias disueltas, por lo que entraría por ósmosis en los pobres glóbulos, que se hincharían hasta estallar. Por este motivo la solución del gotero debe ser fisiológica, es decir, tener una concentración cercana a la que los rodea habitualmente. Pero ¿por qué agua salada y no una solución idéntica al suero de la sangre? El contenido de la vía puede incluir sustancias diferentes a la sal, como, por ejemplo, glucosa. La presión osmótica, es decir, la presión que impulsa el solvente contra la membrana no depende de la naturaleza de las sustancias disueltas, sino de su cantidad. Si la concentración de las partículas disueltas es igual dentro y fuera, los glóbulos rojos están a salvo.

En la actualidad, en lugar de las vejigas de origen animal, se utilizan membranas artificiales. En cualquier caso, se trata de membranas semipermeables porque permiten traspasar únicamente al solvente. La ósmosis es un fenómeno de sentido único. De esta forma, la membrana que separa dos soluciones de diferente concentración permite al solvente pasar de la más diluida, que puede ser solvente puro, como en los experimentos mencionados, a la más concentrada. En todo caso, la tendencia es hacia la uniformidad. Podemos hacer comparaciones con fenómenos mucho más conocidos, como dos vasos comunicantes donde diferentes niveles iniciales terminan igualándose; o una barra metálica que se calienta en uno de los extremos y rápidamente distribuye el calor por toda la barra.

Todas ellas son transformaciones gobernadas por el segundo principio de la termodinámica, que habréis oído enunciar de diferentes maneras. Por ejemplo, este principio establece que toda transformación viene acompañada de un aumento de la entropía del universo. La entropía es un concepto complejo. Se dice que esta magnitud va emparejada al desorden, pero hay que tener cuidado con lo que se entiende.

¿Los vasos comunicantes están más desordenados cuando el líquido tiene el mismo nivel o cuando tiene niveles diferentes? Imaginaos la habitación de un adolescente. Después de que su madre la haya ordenado, la ropa está en el armario, las camisetas en un cajón, los calcetines en otro, los libros colocados en las estanterías, las zapatillas en su sitio. Entonces entra él y se cambia rápidamente para ir a estudiar a casa de un amigo, dejando un par de pantalones sobre la cama, otro encima de la silla, tres camisetas desdobladas desperdigadas por aquí y por allá, un par de zapatillas en mitad de la habitación (una en el medio y la otra tirada al lado de la cama), dos libros encima de la silla, otro en el escritorio, etc. El desorden ha ido en aumento. En la habitación ha aumentado también la uniformidad: ya no está cada cosa en su sitio, sino que hay de todo en todas partes. Un ejemplo aún más claro. Si coleccionáis sellos y los ponéis todos sobre la mesa para ordenarlos en un álbum, pero una ráfaga de viento los esparce por el suelo, la habitación está más desordenada, pero también más uniforme debido a que los sellos están ahora distribuidos por todas partes.

En los vasos comunicantes con líquido a diversas alturas, concentrado en una zona más que en otra, hay más orden que en el equilibrio final, que es más uniforme y, en los términos en los que estoy hablando, también más desordenado. Para hacer más intuitivo el concepto de entropía a un público no especializado, suelo sacar a relucir la mayor o menor variedad de lo que estamos analizando: la entropía aumenta cuando aumenta la uniformidad. Es así como se comportan los vasos comunicantes, la barra metálica y las dos soluciones separadas por una membrana. Se hacen más uniformes siguiendo el segundo principio de la termodinámica.

Pero ¡cuidado! No afecta solo al sistema del que estamos hablando, sino a la totalidad del universo. En el caso de la barra metálica, podemos olvidarnos del resto del universo (es decir, del ambiente). Pero metamos la barra en una habitación al vacío en la que no pueda ceder calor al aire. Suspendámosla con finos cables en material aislante con el fin de reducir casi por completo los contactos e ignorar el calor absorbido por la propia habitación. A continuación, subimos pocos grados la temperatura de un extremo, por ejemplo, 10 °C. Un aumento mayor aceleraría la pérdida de calor por irradiación. Para el fin que nos ocupa, podemos considerar que la barra no cede calor alguno al ambiente.

El sistema (la barra) está al vacío y, por tanto, si se expandiese o se contrajese, no provocaría (ni sufriría) efecto alguno sobre la presión exterior, que es cero. En resumidas cuentas: intercambio de calor, cero; acción ejercida o recibida, cero; total de energía intercambiada con el ambiente, cero. Es evidente que tampoco se producen intercambios de materia, ya que la barra no pierde ni gana piezas. En estas condiciones se dice que el sistema se encuentra aislado. Aplicando el segundo principio de la termodinámica podemos asumir que el universo termina donde termina la barra.

Por ósmosis la situación puede ser diferente; por ejemplo, si el solvente que atraviesa la membrana aumenta en altura. Ejerce entonces una acción contra la gravedad, lo que hace disminuir la entropía del universo, puesto que la uniformidad pretende que todos los objetos terrestres acaben en el centro del planeta creando una masa única. Pero el alejamiento es una fracción ínfima del radio de la Tierra; por tanto, el efecto es mínimo respecto a la ganancia de uniformidad provocada por el solvente diluido en la solución más concentrada. Como resultado se produce un aumento neto de la entropía.

Bueno, esta larga premisa era necesaria. Ahora puedo contaros que invertir la ósmosis es posible. Solo se necesita añadir algo que aumente la entropía del conjunto. Aun así, la transformación en este sentido es contraria a la natural que, como hemos visto, hace pasar el agua a la solución más concentrada. Si se invierte la ósmosis (extraer agua pura de la solución), la entropía del sistema disminuye, siendo esta transformación opuesta a la anterior. Lo que hace cuadrar las cuentas es una pompa, a través de la cual el ambiente aumenta su entropía en una proporción mayor que la perdida por el sistema. Para el universo el equilibrio debe tener necesariamente signo positivo; de lo contrario, no hay nada que hacer. Pensad en el gas natural que alimenta una central eléctrica. Ese gas está constituido en su mayoría de metano, CH_4, que arde en presencia del oxígeno del aire. La reacción genera mucha energía. Una parte se libera al ambiente en forma de calor, primero en la central y luego en el motor de la pompa. Pues bien, la entropía va unida al calor absorbido, de forma que el ambiente aumenta la suya.

Volviendo al ejemplo inicial, es así como el dueño del camping satisface, sin saberlo, el segundo principio de la termodinámica mientras aspira el agua del mar y la presiona a través de la membrana semipermeable para eliminar

la sal y proporcionaros agua desalada. ¿Cómo consigue la membrana ser semipermeable, es decir, dejar pasar solo el agua y no las sustancias disueltas?
La cuestión es bastante compleja, aunque por suerte el mecanismo principal es
relativamente sencillo de explicar. Esperando no escandalizar a mis colegas
profesores diré que la membrana es, a grandes rasgos, un colador.

Sí, lleno de agujeros. Mejor dicho, de poros lo suficientemente grandes como
para permitir solo el paso de moléculas de agua. En realidad, los iones sodio
(Na^+) que libera la sal NaCl al disolverse en agua son más pequeños. Una
molécula de agua tiene un diámetro de diez millonésimas partes de milímetro
(0,0000002 mm). Para simplificar el número lo enunciaré en la unidad de medida de la que hablé en el Capítulo III (Una larga historia de casi tres siglos): unos
0,2 nanómetros. El ion sodio es algo más pequeño, unos 0,19 nanómetros, y
aun así no atraviesa la membrana. Podríamos pensar que esto se debe a algún
motivo electrostático: el ion cloruro (Cl^-), de unos 0,36 nanómetros de diámetro,
sería demasiado grande para atravesar, por lo que tampoco pasaría el ion sodio
debido a la atracción ejercida por los iones de carga opuesta que quedarían en
la solución original. Pero no, esta hipótesis no se sostiene. Desde el punto de vista
de la carga eléctrica, el movimiento de los iones sodio podría compensarse por
los iones hidrógeno (diminutos y también presentes en el agua) que se mueven en
sentido opuesto. El hecho es que los iones en el agua no se encuentran en absoluto aislados, o *desnudos*, como se dice en química. En el Capítulo X (Liso o rizado) he mencionado que en la molécula del agua los enlaces oxígeno-hidrógeno
están polarizados. Así, cada molécula de agua es un dipolo eléctrico. El oxígeno
posee una carga negativa parcial. Cada uno de los dos átomos de hidrógeno
posee una carga positiva, cuyo valor numérico equivale a la mitad de la carga
del oxígeno (la suma de las tres cargas es igual a cero porque la molécula es
eléctricamente neutra). Estos átomos no se encuentran en extremos opuestos, sino
cercanos entre ellos dado que la molécula no es lineal: el ángulo HÔH es de unos
104,5°. A los dos átomos H les corresponde, por tanto, una zona de carga positiva en la molécula. Con el oxígeno cargado negativamente, he aquí el dipolo:

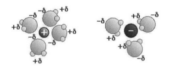

Si en el agua se forma un ion Na^+, las moléculas H_2O no permanecen inalteradas, sino que orientan su parte negativa hacia él. En este momento, el ion ejerce dos fuerzas electrostáticas: por un lado, atrae el átomo de oxígeno que tiene una pequeña carga de signo contrario al suyo y, por otro, repele los átomos de hidrógeno de carga similar. ¿Sabríais decir cuál de las dos prevalece? Fácil, siempre y cuando os acordéis de la ley de Coulomb. Las cargas parciales negativa y positiva tienen el mismo valor numérico, tal y como he mencionado. Pero existe una diferencia, a saber, la distancia, que en la ley de Coulomb se eleva al cuadrado. La fuerza electrostática disminuye con el cuadrado de la distancia. Por tanto, la atracción supera con creces a la repulsión, por lo que el ion sodio atrae a la molécula de agua, uniéndose al átomo de oxígeno. Pero no acaba aquí la cosa. Otras moléculas de H_2O hacen lo mismo, y el ion sodio se encuentra rodeado, revestido. La partícula resultante es bastante más grande que la original: la bolita se ha convertido en un balón. Este es el motivo por el que no atraviesa los poros de la membrana. Lo mismo sucede con el ion hidrógeno, que tampoco puede pasar.

Volvamos a la ósmosis inversa. ¿Qué presión deberá ejercer la pompa de vuestro camping? Respuesta obvia: levemente mayor que la presión osmótica del agua del mar. Como hemos visto en el Capítulo IX (Sal en la carretera), cada litro de agua de mar contiene algo más de 30 gramos de sales. La más abundante es el cloruro de sodio. La presión osmótica, repito, no depende de la naturaleza de las sustancias disueltas, sino de la concentración de las partículas presentes (también la disminución del punto de fusión, del que hemos hablado también en el Capítulo IX, se comporta de esta forma). Si la temperatura del agua es, pongamos, de 25 °C, todas las sales disueltas contribuyen a generar una presión osmótica de un par de docenas de atmósferas. Es decir, la pompa deberá superar este valor. En principio se utilizan pompas que alcanzan, al menos, unas 40 atmósferas.

Fabricar membranas para la ósmosis inversa requiere una tecnología de gran precisión y coste. Además, resulta algo problemática desde el punto de vista ambiental. En el tercer trimestre de 2010, la multinacional texana Kraton aumentó la capacidad productiva de un innovador sistema hasta alcanzar la decena de toneladas anuales de láminas membranosas para hacer frente a la demanda del mercado estadounidense, alemán y chino. El material polimérico utilizado por Kraton es de la marca Nexar y consiste en bloques de copolímeros. El término *copolímero* se contrapone a *homopolímero*. Las unidades (monómeros) que conforman las largas cadenas de los copolímeros no son homogéneas de principio a fin, sino que en ellas se suceden bloques de diverso tipo. Unos proporcionan robustez. Otros, similares en su composición a los materiales de muchos objetos de plástico, aportan el grado necesario de flexibilidad. Por último, se encuentran los bloques que hacen la membrana semipermeable.

El éxito de los polímeros Nexar se debe al ahorro que conllevan tanto económico como ambiental. Kraton emplea la mitad de hidrocarburos y ha eliminado por completo los clorados. Estos últimos suponen un riesgo para el medio ambiente. Y el mayor beneficio se obtiene en las desalinizadoras, donde el consumo de energía se reduce considerablemente. Las membranas de Nexar son hasta 400 veces más rápidas, por lo que ofrecen el mismo resultado empleando la pompa a una potencia eléctrica menor. ¿A qué o quién se debe este prodigio? A los químicos que han creado esas membranas haciendo convivir con inteligencia los intereses económicos de sus empresas con el respeto por el medio ambiente.

* * * *

Otras dos multinacionales, Dow y BASF, han introducido innovaciones en la producción del óxido de propileno. Este compuesto forma parte de los llamados epóxidos. En su molécula hay un triángulo formado por dos átomos de carbono y uno de oxígeno. Los epóxidos, u oxiranos, se caracterizan por ser sustancias muy reactivas, ya que los anillos moleculares triangulares están en fuerte tensión. De hecho, los ángulos internos se encuentran a unos 60°, mientras el ángulo estable entre dos enlaces realizados por un átomo de carbono no implicado en un doble enlace es de 109,5°. A modo de ejemplo, los dos enlaces formados por cada uno de los tres átomos del anillo triangular (dos átomos C y uno O) son algo así como al aparato de gimnasia llamado *hand grip*, que consiste en un muelle en ángulo que, al apretarlo con la mano, tiende inmediatamente a expandirse de nuevo. Para expandirse, los ángulos de los epóxidos cuentan con una sola posibilidad, que es romper el anillo molecular. A partir de ese momento ya no hay moléculas estables, sino muy inestables y con gran tendencia a reaccionar.

Por este motivo el óxido de propileno se presta a funcionar como un ladrillo en la síntesis de muchas sustancias utilizadas en la fabricación de detergentes, cosméticos, anticongelantes o en la construcción de mobiliario y automóviles. No en vano la demanda anual mundial es de más de 6 millones de toneladas. Hasta no hace mucho tiempo la producción tradicional generaba deshechos y subproductos que se recuperaban para reutilizarlos en el mercado. Pero su demanda no seguía el mismo ritmo que la del producto principal, por lo que eran frecuentes las crisis de exceso o defecto de oferta. El nuevo proceso hace reaccionar el hidrocarburo propileno ($H_2C=CH-CH_3$) con agua oxigenada (H_2O_2). El óxido de propileno tiene un rendimiento eficiente (es decir, genera pocos deshechos), y su único subproducto no representa ni una pérdida económica ni un daño ambiental al tratarse de simple agua. Todo gracias a un catalizador. Para quien no lo sepa, se denomina catalizador a una especie química que acelera una reacción manteniéndose inalterada. Por «acelera» me refiero a un aumento de velocidad que puede ir de cero (reacción tan lenta que ni siquiera tiene lugar) a valores de interés práctico. Las enzimas, por ejemplo, son catalizadores biológicos que permiten reacciones en el organismo que de otra manera serían tan lentas que no se producirían.

El catalizador Dow-BASF está proyectado, a nivel microscópico, sobre un armazón de zeolita (un silicato sintético con átomos de titanio que sustituyen otros tantos átomos de silicio), cuya retícula atómica presenta canales de aproximadamente 0,5 nanómetro de diámetro. El catalizador rellena la cámara de reacción y los reactivos, disueltos en metanol, recorren los canales transformándose al entrar en contacto con el titanio. No es necesaria una elevada presión ni temperatura, con el consiguiente ahorro de energía: se consume solo el 65 % respecto a las antiguas producciones. Como todos sabemos, ahorrar energía beneficia al medio ambiente, además de a la balanza económica, favorecida por la alta selectividad del proceso. De hecho, no son necesarios dispositivos destinados a aislar el óxido de propileno de los subproductos en cuanto que estos son prácticamente nulos. Como consecuencia, las instalaciones cuestan una cuarta parte menos.

Entre los beneficios ambientales se encuentra además el consumo de agua utilizada como disolvente, un tercio menos respecto al proceso tradicional. En octubre de 2011 entró en funcionamiento una gran instalación en Map Ta Phut,

Tailandia, además de la ya existente en Amberes. Además, BASF ha iniciado el camino «verde» con la síntesis del ibuprofeno, principio activo de fármacos analgésicos de gran uso, por ejemplo, contra el dolor de cabeza. En Bishop (Texas) funciona desde 1992 un sistema de 3500 toneladas anuales que aplica el método desarrollado anteriormente por BHC para reemplazar el de Boots, lanzado hace unos 30 años. Este estaba subdividido en seis etapas, cada una de las cuales tenía un rendimiento inferior al 100%, dando como resultado un bajo rendimiento total y abundantes desechos. Por el contrario, el proceso de BHC se compone de tres etapas y alcanza un rendimiento especialmente elevado al tratarse de reacciones catalíticas. Además de acelerar las reacciones y hacerlas, por tanto, más productivas, los catalizadores se mantienen prácticamente inalterados al final del proceso. Sin embargo, los diversos pasos de la vieja tecnología requerían la suma de sustancias auxiliares que se perdían en una cantidad igual o superior que los propios reactivos.

Hoy en día, solo dos sobre diez átomos de reactivos se pierden en el ibuprofeno final, pero puede considerarse un deshecho nulo si tenemos en cuenta que un subproducto de valor, el ácido acético, formado en el primer estadio, tiene aplicaciones como intermediario en la síntesis de polímeros para colas vinílicas, disolventes orgánicos o películas fotográficas. En este caso el catalizador es ácido fluorhídrico puro, que actúa también como disolvente, ya que a presión atmosférica hierve a los 20 °C, pudiendo ser fácilmente utilizado en estado líquido. Se trata de una sustancia agresiva, pero es posible recuperarla e inserirla de nuevo en el ciclo del proceso evitando verterla en el medio ambiente y convertirla en un residuo incómodo y peligroso. Por el contrario, solo la primera fase del antiguo proceso liberaba miles de toneladas de tricloruro de aluminio hidratado. En conjunto, la producción moderna fabrica mucho más ibuprofeno en menos tiempo y con menor capital. Hasta los accionistas están satisfechos, no solo los ambientalistas razonables (los no razonables no se conforman jamás).

XIV
EL PUNTO CRÍTICO

En 1955 el químico Jonathan Hartwell, empleado del National Cancer Institute de Estados Unidos, comenzó a investigar las propiedades anticancerígenas de varias sustancias químicas naturales. Como consecuencia, cinco años después, los botánicos del Ministerio de Agricultura Italiano recibieron el encargo de proporcionar todos los años muestras de cientos de plantas. Entre ellos, el doctor Arthur Barclay envió material de 200 especies y en uno de sus contenedores de muestras había un trozo de corteza de tejo del Pacífico. Para ser exactos, se trataba de un ejemplar de *Taxus brevifolia* recogido en el estado de Washington. Los investigadores descubrieron propiedades interesantes y los estudios sobre esta especie se intensificaron a partir de 1964. Un par de años después, el químico estadounidense Monroe Wall y su colega indio Mansukh Wani aislaron el ingrediente activo. Dieron la noticia preliminar en abril de 1967 en el congreso de la American Chemical Society. Dos meses después la sustancia fue bautizada con el nombre de *taxol*. Sus investigaciones precisaron algo más de tiempo, publicando el trabajo completo, que comprendía la definición de la estructura molecular, en 1971.

Por desgracia, aislar el taxol puro no era en absoluto sencillo. De 1 tonelada de corteza, obtenida sacrificando un gran número de árboles de esta rara especie selvática, se aislaron solo 10 gramos, pocos para un dilatado experimento farmacológico que de hecho nunca llegó a producirse. Llegamos así a 1977, año en que el National Cancer Institute decidió recoger otras 3 toneladas de corteza. Los estudios pudieron intensificarse, obteniendo resultados alentadores que provocaron la demanda de nuevas toneladas. En 1984 comenzó la experimentación en humanos. En la segunda fase, en 1986, hizo falta más corteza, otras 5,5 toneladas. Rápidamente los investigadores comprendieron que haría falta como poco otras 30. Se calculó que solo en Estados Unidos la producción del fármaco para los enfermos de ciertos tipos de cáncer habría supuesto el sacrificio de 360 000 árboles al año, cifra poco realista dada la rareza de la planta. Ambientalistas, políticos deseosos de mostrarse preocupados por el medio ambiente y autoridades forestales se revelaron. En efecto, el problema era serio. Daos cuenta de que un ejemplar de tejo invierte unos 200 años en alcanzar la madurez. Incluso dando a la naturaleza su justo valor, es decir, considerándola preciosa sin idolatrarla, podemos preguntarnos: ¿cómo curamos a los enfermos de cáncer si provocamos la extinción del *Taxus brevifolia*? El National Cancer Institute pasó la patata caliente a una empresa privada, Bristol-Myers Squibb, generando no pocas polémicas y dudas sobre la corrección del procedimiento seguido.

A finales de 1992 se consiguió la aprobación del nuevo medicamento, distribuido bajo la marca *Taxol*, mientras el principio activo recibió el nombre de *paclitaxel*. Ese mismo año, el químico Robert Bolton, de la Universidad Estatal de Florida, patentó, en colaboración con Bristol-Myers Squibb, un método de producción semisintético que transformaba químicamente un compuesto extraído de las hojas (agujas) de una especie europea de tejo: el *Taxus baccata*. Esta planta se cultiva con fines ornamentales y la recolección de sus hojas no produce daños. Se puso en marcha un establecimiento en Irlanda. Sin embargo, los problemas ambientales no terminaron ahí debido a la gran cantidad de disolventes y reactivos necesarios. Todo ello aumentaba además el coste de la producción, agravado por la complejidad del proceso: una secuencia de hasta 11 reacciones químicas, siete de las cuales requerían el aislamiento de sus respectivos productos.

Más tarde el panorama cambió por completo. El paclitaxel comenzó a sintetizarse en Alemania, también por parte de Bristol-Myers Squibb, pero mediante la fermentación de células de tejo cultivadas. La producción se realizaba en el agua. Pese a que la extracción del producto y su purificación requieren disolventes orgánicos, el nuevo proceso evita cada año el uso de unas 6 toneladas de sustancias potencialmente peligrosas. Como el aspecto económico siempre es importante, es necesario añadir que se evitan seis estadios de secado que requerían aporte de calor y la acción de pompas. Consumir menos energía favorece al medio ambiente, además de las cuentas empresariales.

* * * *

En el Capítulo II (La química es bella), dedicado a las bebidas con gas, os he contado alguna cosa acerca del equilibrio entre los estados sólido, líquido y gaseoso del dióxido de carbono (o anhídrido carbónico). Vuelvo ahora sobre ello, ampliando el análisis a temperaturas mayores. En concreto os contaré algo sobre el llamado *punto crítico* de esta sustancia.

La historia comienza en 1822, cuando un científico francés que pocos años antes había sido nombrado barón por el rey Luis XVIII, Charles Cagniard de la Tour, comunicó los resultados de sus experimentos con líquidos calentados en recipientes cerrados. Para evitar explosiones eligió un cañón sellado que hacía oscilar como un balancín. En su interior metía, por ejemplo, agua y una bolita de piedra. Al inclinarse el cañón de un lado y de otro, la bolita rodaba, produciendo un ruido perceptible desde fuera. El francés encendió un fuego bajo el cañón. Llegado un cierto punto, el ruido de la bolita cambió y el oleaje del agua cesó.

Dentro del artilugio la presión debía de ser altísima, si recordáis lo que os he contado en los Capítulos VI (Por qué el agua no arde) y VIII (Una sensación de frío), a propósito de cómo varía la presión del vapor al aumentar la temperatura. Recordaréis además que un líquido hierve cuando la presión de su vapor se iguala a la presión externa. De esta forma, en una olla a presión cuya válvula se abre por debajo de 2 atmósferas, el agua se calienta durante un breve tiempo sin llegar hervir, pese a alcanzar los 100 °C, puesto que la presión de la mezcla gaseosa que está por encima es demasiado alta. De hecho, está compuesta por el vapor de agua y el aire presente cuando la tapa está cerrada. La presión de ambos gases aumenta progresivamente. La del aire es de 1 atmósfera, pero después aumenta de forma directamente proporcional a la temperatura absoluta. Para hacerse una idea de lo que sucede, imaginemos primero que la válvula no se abre por estar obstruida, pero que, por suerte para nosotros, la olla no estalla. Por ejemplo, a 100 °C la temperatura absoluta es de 373 K. Si al principio había 25 °C, es decir, 298 K, ahora la presión del aire encerrado en la olla ha aumentado un cuarto, alcanzando 1,25 atmósferas. A 100 °C el vapor de agua tiene una presión de 1 atmósfera. En conjunto, la presión en la olla es, por tanto, de 2,25 atmósferas. Para hervir a esa presión el agua debería estar a unos 127 °C, cosa que no aún no ha sucedido. Por tanto, no hierve.

En realidad, la válvula funciona bien si al limpiar la olla os aseguráis de que no está atascada. La presión interna alcanza las 2 atmósferas, no llega a más. El exceso de gas sale silbando, poco a poco el vapor que continúa formándose desaloja el aire inicial y se queda solo en el interior de la olla. El razonamiento se simplifica. Cuando la presión producida por la válvula (2 atmósferas) está generada solo por el vapor de agua, la temperatura alcanza 120 °C, puesto que es precisamente a esa temperatura cuando el agua genera vapor a la presión de 2 atmósferas. En el cañón de Cagniard de la Tour no había válvulas de escape, por lo que la temperatura de ebullición parecía no llegar nunca. Al igual que en la olla con la válvula obstruida, el aire residual, en constante aumento de presión, debería haber llevado la línea de llegada cada vez más lejos. Por el contrario, el científico observó maravillado que cerca de los 370 °C el líquido desaparecía. Por lo visto, se evaporaba por completo.

Unos 40 años después, el químico y físico irlandés Thomas Andrews precisó que para cada sustancia existe una temperatura crítica, más allá de la cual no existe como líquido. Se denomina *presión crítica* a la presión que hay que aplicar a esa temperatura para licuar un gas. La temperatura crítica del agua es 374 °C, es decir, a esos grados (bastantes más que los famosos 100 °C) el agua todavía puede ser líquida si se somete a la presión de 218 atmósferas, precisamente su presión crítica. Más allá de 374 °C podéis aumentar la presión cuanto queráis que no conseguiréis licuar el agua. Para esta, 374 °C y 218 atmósferas señalan el llamado *punto crítico* en un diagrama denominado de fase, con la temperatura en el eje horizontal y la presión en el vertical:

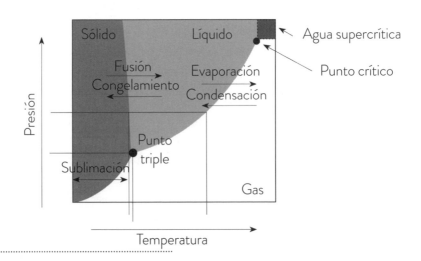

No creáis que en cuanto se supera la temperatura crítica se produce un cambio repentino, como sucedía en el cañón. Un centésimo de grado antes hay líquido y un centésimo de grado después, solo gas. Leibniz estaba equivocado al oponerse a la idea de que la materia, a nivel microscópico, estaba formada por átomos, es decir, era discontinua. Su célebre sentencia *Natura non facit saltus* («la natura no da saltos») era errónea. Sin embargo, si no nos zambullimos entre moléculas, átomos y partículas subatómicas, se trata de una verdad. Un litro de agua en punto crítico pesa 3 hectogramos. Entonces, ¿es un líquido o es un gas? En algunos aspectos se parece a un líquido: en efecto, 1 litro de agua del grifo pesa más (alrededor de 1 kilo); pero 1 litro de vapor a 110 °C y 1 atmósfera pesa poco menos de 0,5 gramos, es decir, casi 2 000 veces menos.

Pero en esas condiciones el agua, a diferencia de los líquidos, que no pueden ser comprimidos, es bastante sensible a los cambios de presión. Si esta última se quintuplica, pasando de las 218 atmósferas al millar y la temperatura se mantiene estable en 374 °C, 1 litro de agua pesa cerca de 7 hectogramos. No es la compresión del gas, cuyo peso a temperatura y volumen constantes es directamente proporcional a la presión. Si se tratase de un gas, el peso de 1 litro se multiplicaría casi por cinco, y no solo 7 hectogramos entre 7 hectogramos, es decir, poco más del doble. De cualquier forma, se trata de una auténtica compresión, y ya hemos visto que los líquidos no se comportan de esta manera.

Por tanto, se trata de un estado bastante extraño: un poco líquido, un poco gaseoso. Suficiente para despertar la curiosidad de los científicos, que de hecho lo estudian en profundidad desde hace mucho tiempo. Han acuñado una expresión para la sustancia que se encuentra más allá de sus condiciones críticas: *fluidos supercríticos*.

Ya podemos volver al dióxido de carbono. Su punto crítico es mucho más accesible que el del agua: en torno a 31 °C y 73 atmósferas. Esto lo convierte en un elemento interesante para la tecnología al tratarse de condiciones accesibles sin necesidad de un gran gasto de energía o de recipientes demasiado robustos y, por ende, costosos. Para hacerse una idea, muchos días de verano el aire se encuentra a más de 31 °C, mientras los tanques de gas de los sopletes (oxígeno y acetileno) que habéis visto más de una vez resisten más de 100 atmósferas.

La primera aplicación industrial fue para los consumidores de café descafeinado. El café HAG, actualmente de la multinacional Kraft, se distribuye en muchos países del mundo. Surgió en Alemania en 1906 con las iniciales de Kaffee Handels-Aktiengesellschaft, es decir, sociedad comercial del café. Para los franceses fue durante mucho tiempo *Sanka* (con la pronunciación truncada, claro) de *sans caféine*. Durante mucho tiempo la cafeína se extraía mediante disolventes orgánicos de los que inevitablemente quedaba algún residuo en el producto, aun en muy pequeña cantidad. Después llegó la descafeinación mediante CO_2 supercrítico. Hacia 1990 este nuevo proceso se había asentado con fuerza, produciendo al año 22 0000 toneladas de café descafeinado. Establecimientos basados en el mismo proceso comenzaron a descafeinar también té y cacao. Pocos lo saben, pero también contienen cafeína. Una taza de café normal contiene 100 mg, mientras que una de té no se queda atrás (40 mg). Con el chocolate se ingieren 20 mg. Vamos a tener que pensar un poco qué bebemos por la tarde-noche.

El alcaloide denominado *cafeína* fue descubierto en 1819 por un químico alemán de 25 años, Friedlieb Ferdinand Runge, que lo aisló de un paquete de granos de café (una rareza para los europeos de la época) que le regaló el poeta Goethe, gran amante de la química, para su investigación. En la actualidad, hace casi un cuarto de siglo que aquellos que no saben renunciar al café, pero temen el insomnio, el nerviosismo o el empeoramiento de enfermedades cardíacas derivadas de su frecuente consumo, pueden dar las gracias al dióxido de carbono en estado supercrítico. El proceso no supera a los anteriores solo desde el punto de vista ambiental y sanitario, sino que ofrece además ventajas económicas. Echemos un vistazo.

Como disolventes, los fluidos supercríticos son todavía más singulares. He dicho «disolventes» pese a no ser líquidos como tal. Sí, son realmente tipos extraños. El agua, por ejemplo, se considera un disolvente «polar». Sus enlaces, como vimos en el Capítulo X (Liso o rizado), son polares (o polarizados). Puesto que, como dice un viejo dicho de los químicos, lo igual disuelve a lo igual, el agua es un buen disolvente para las sustancias polares o iónicas. Soluciones de cloruro de sodio, la sal de cocina, formada por iones sodio y de cloruro que se separan entre sí en el agua, las encontramos en muchos sitios. El mar es el ejemplo más destacado (y el más poético y bello).

En el Capítulo XIII (La tendencia a la uniformidad) hemos evocado a Jean Antoine Nollet trabajando con soluciones acuosas de alcohol etílico. Esta sustancia es un compuesto orgánico que contiene en su molécula un grupo –OH, polarizado al igual que los enlaces análogos presentes en las moléculas de agua. Esta es la razón por la que se disuelve bien en el agua. Por el contrario, es sabido que la gasolina o el gasóleo, mezclas de hidrocarburos, no se disuelven en agua, sino que se quedan flotando en su superficie. ¿Por qué? El nombre *hidrocarburo* tiene un sentido, aunque evanescente. El carbono tiene una tendencia ligeramente mayor que el hidrógeno a atraer hacia sí las parejas de electrones compartidos entre ambos cuando se encuentran unidos de forma covalente. Esto es lo que sucede en los hidrocarburos, compuestos precisamente de carbono e hidrógeno. Existe una carga parcial positiva sobre este último y la correspondiente carga negativa sobre el carbono. Por eso se llaman *hidrocarburos* y no el contrario, *carbohidruros*. No obstante, esas cargas son muy pequeñas por el hecho de que la tendencia de estos dos elementos a atraer electrones compartidos apenas difiere. Como consecuencia, la polarización de los enlaces es prácticamente nula, siendo los hidrocarburos sustancias no polares o, como se dice, apolares.

Bien, el agua supercrítica cambia radicalmente sus características como disolvente, comportándose como un disolvente apolar. En 1994, una gran empresa química estadounidense, Texaco, comenzó a destruir los residuos peligrosos de su establecimiento de Austin mediante un sistema basado en esta agua, en la que se disuelven muchas sustancias orgánicas apolares o poco polares. También el oxígeno se disuelve mucho más en ella que en condiciones normales. Sí, un poco sí se disuelve. Si no, ¿cómo respirarían los peces? Así como nuestra sangre se enriquece del oxígeno del aire en la superficie de los alvéolos de nuestros pulmones, en las branquias de los peces sucede un intercambio análogo, pero con el agua en la que viven.

En el agua supercrítica la solubilidad del oxígeno es bastante más alta. Por tanto, al ser muy solubles tanto el oxígeno como ciertas sustancias peligrosas para el medio ambiente y para la salud, su oxidación puede producirse a velocidades especialmente elevadas. Todo ello en espacio cerrado, sin humo en el aire. El calor producido por las oxidaciones se recupera y aprovecha por el propio sistema para mantener la temperatura necesaria, que debe ser, repito, de al menos 374 °C.

Otro aspecto interesante del poder solvente de los fluidos supercríticos es que varía al variar la densidad. Esta, a su vez, depende de la presión, como vimos cuando hablábamos del peso (y, por tanto, de forma implícita, de la masa) a igualdad de volumen. La relación entre masa y volumen es precisamente lo que la ciencia llama *densidad*. Así, una vez que el dióxido de carbono supercrítico ha extraído la cafeína del café, basta con alejarlo de los granos molidos. A continuación, disminuye un poco la presión y pierde su poder solvente. La cafeína *precipita*, como decimos los químicos, es decir, se separa de la solución en estado sólido. En este momento, el fluido puede volver a entrar en circulación accionando los compresores lo justo como para restaurar la presión previa. Por tanto, poca energía consumida en beneficio de las fuentes energéticas y de la economía empresarial. Pero aún hay más. La cafeína no se desperdicia, sino que la compran industrias farmacéuticas para utilizarla, entre otras cosas, como complemento en los analgésicos.

El éxito del CO_2 supercrítico se debe a más factores. Hemos visto algunos: condiciones críticas no tan exigentes y propiedades solventes moldeables según las necesidades. Existen otros. A diferencia del conocido *monóxido* del mismo elemento (el que mata a gente al formarse en braseros y estufas defectuosas), el dióxido es peligroso para la respiración solo en concentraciones elevadas, provocando asfixia, pero sin ser tóxico. Además, su coste es bajo, es abundante y sencillo de conseguir y no es inflamable (de hecho, se utiliza en los extintores para apagar incendios). Por tanto, no es de extrañar si sus aplicaciones se han visto multiplicadas: desde la mantequilla sin colesterol hasta la extracción de aromas del lúpulo de la cerveza.

En el campo médico, la empresa NovaSterilis, de Ithaca, en Nueva York, produce y vende cámaras de esterilización para tejidos biológicos para trasplantes. Su sistema es una alternativa válida a los métodos clásicos basados en óxido de etileno o rayos gamma. El primero es un epóxido, al igual que el óxido de propileno del que os he hablado en el Capítulo XIII (La tendencia a la uniformidad). Es un gas inflamable, mutágeno y cancerígeno. Deposita inevitablemente residuos en el material sobre el que actúa, potencialmente dañinos para los trasplantados. Los rayos gamma no atacan solo los microbios a eliminar, sino que dañan en parte las células del tejido a trasplantar. Por el contrario, NovaSterilis utiliza como esterilizante un peróxido, el ácido peroxiacético

(CH$_3$-(CO)-OOH) en dióxido de carbono supercrítico. En el Capítulo X (Liso o rizado)ya vimos los peróxidos; os recuerdo que se distinguen por un enlace oxígeno-oxígeno. En la fórmula anterior, se encuentra en el grupo –OOH.

El método de NovaSterilis elimina con gran eficacia los agentes patógenos de los preparados biológicos listos para el trasplante. Además, puede aplicarse a muchos objetos de uso quirúrgico. Un aspecto especialmente útil es que, a diferencia de los métodos basados en óxido de etileno o rayos gamma, el nuevo método permite la esterilización final de la totalidad del envase, pudiendo llevarlo a quirófano y abrirlo en el momento de ser utilizado.

* * * *

La flexografía es una sucesión de eventos que permiten la impresión. En ella, el cliché, una placa flexible y blanda, como un sello de caucho, está envuelto en un cilindro que trasfiere la tinta sobre el papel a través de una ligera presión, como si de un beso se tratase. El sistema permite imprimir sobre materiales de muy diverso tipo: el papel común, el cartón ondulado de las cajas, el celofán, varios tipos de plástico, películas para alimentos y láminas metálicas. Desarrollado inicialmente para embalar, amplió después su campo de aplicación y hoy en día es una de las técnicas utilizadas para la impresión de periódicos.

El cliché se prepara fotográficamente. La placa se recubre de un estrato de pasta polimérica de consistencia similar al chicle. De sus largas moléculas en cadena sobresalen lateralmente ramas reactivas. Sobre ella se apoya una película con la imagen impresa en negativo, más sensible a los rayos ultravioleta cuanto menos impresionada por la luz haya estado. Los caracteres de un texto, por ejemplo, aparecen claros (y sensibles a los rayos) sobre fondo oscuro (que no permite atravesar a los ultravioleta). Al llegar los rayos impresionan el polímero ahí donde el negativo los permite pasar, activando las ramificaciones laterales. Estas ramificaciones crean vínculos con cadenas cercanas, lo que se denomina *reticulación*, del inglés *cross link*. Ahí donde el polímero se vuelve reticulado se endurece. Entonces basta con mojar el cliché con el disolvente oportuno, de forma que solo la pasta no irradiada desaparece, dejando la imagen en relieve, lo que permite la impresión.

Hace algunos años, una empresa estadounidense absorbida más tarde por Eastman Kodak, junto a la empresa texana de consultoría química Arkon Consultants, desarrolló un sistema con líquidos orgánicos de bajo riesgo de incendio y explosión y baja toxicidad. La seguridad y la salud de los operarios salieron ganando respecto a los disolventes orgánicos tradicionales, por lo general a base de xileno. El xileno, denominado científicamente *dimetilbenceno*, pertenece a la clase de los hidrocarburos aromáticos, que acarrean ciertos problemas sanitarios. Por lo general, el innovador método permite además abaratar los costes, puesto que disminuyen los problemas de prevención a superar. Por tanto, se ahorra en los sistemas de depuración del aire y en los controles sanitarios preventivos para el personal.

XV
TEORÍA DEL VERDE

La paternidad de la química verde se atribuye a Paul Anastas que, en 1991, mientras trabajaba en la famosa Agencia de Protección Ambiental de Estados Unidos (EPA) acuñó la expresión *green chemistry*. Siete años después, junto a John Warner, formuló 12 principios con el fin de inspirar la investigación química aplicada.

Mater semper certa, pater incertus, decían los romanos. Al término de esta segunda parte intentaré plantear alguna idea sobre la paternidad de la química verde, no tan bien definida como podría parecer a simple vista. Pero antes me gustaría detenerme sobre las actuales ideas acerca de cómo debe evolucionar la química para enfrentarse a los retos que las exigencias ambientales plantean en la actualidad y en el futuro.

Ferruccio Trifirò, profesor de química industrial en la Universidad de Bolonia y director de *La química y la industria*, órgano oficial de la Sociedad Química Italiana, es, sin duda, una autoridad en el sector. En esa publicación ha reseñado las voces más interesantes que se hicieron oír en mayo de 2011 en la convención internacional desarrollada en Helsinki, capital de Finlandia. La recomendación que surgió de este encuentro fue aumentar la eficiencia de las producciones para disminuir los residuos y el desaprovechamiento de recursos.

Además, se citó un documento publicado en febrero de ese mismo año por la Comisión Europea sobre las materias primas, que podrían empezar a escasear en breve. A este ritmo, algunas de ellas corren el riesgo de extinguirse en 2030. Una de ellas es la fluorita, mineral compuesto por fluoruro de calcio

(CaF_2) y utilizado como licuable en la metalurgia y fuente de flúor en la síntesis industrial de polímeros fluorados, como el teflón que recubre el interior de las sartenes antiadherentes (Capítulo XXV: Inventos y descubrimientos). Por otra parte, están los grafitos y los minerales de los que se extraen casi 30 metales: berilio, cobalto, galio, magnesio, niobio, tantalio, tungsteno, metales preciosos del grupo del platino (el propio platino, rutenio, rodio, paladio, osmio e iridio) y los lantánidos (llamados también tierras raras). En riesgo de desaparición se encuentran las fuentes de dos metaloides, el antimonio y el germanio. Con el término *metaloide* se designan elementos de características intermedias entre metales y no metales, o con unas características metálicas y otras no metálicas.

Los lantánidos, fundamentales para la producción de imanes permanentes en los motores eléctricos y utilizados además en las marmitas catalíticas, son un monopolio chino y no existen procesos industriales para su reciclaje. En Helsinki se pidieron esfuerzos para conseguir recuperarlos y hacerlos más eficaces, bien utilizándolos en menores dosis, bien sustituyéndolos con metales más disponibles, además de hallando yacimientos en otras partes del mundo.

La Sociedad Química Alemana ha llamado la atención sobre el hecho de que las producciones químicas deberán considerar el aprovechamiento de otras materias primas, dadas además las cada vez menores reservas de petróleo, de cuya transformación se derivan una gran cantidad de materiales de uso común. En este sentido, resultan interesantes los remanentes de la industria alimentaria, de los bosques y de los piensos ganaderos.

Un mes después de la convención de Helsinki se celebró otra reunión en Pavía (Italia), donde se recordaron los principios de Anastas y Warner. El primer principio no es otro que la aplicación de un criterio general de sentido común en la industria química: mejor prevenir la formación de residuos y daños ambientales que tener que trabajar después en eliminar los primeros y en remediar los segundos. En la convención de Pavía, Oreste Piccolo ilustró las ventajas y las dificultades que entraña la síntesis de productos farmacéuticos utilizando procesos catalíticos. En general, la preferencia por otro tipo de reacciones frente a los catalizadores es otro de los principios de la química verde. Es posible que para que tenga lugar una reacción sea necesaria la intervención de una sustancia aditiva que no contribuye con sus átomos a la formación de los productos. Es mejor que actúe pese a estar presente en muy pequeñas dosis, como en el caso de los catalizadores. Por el contrario, un ingrediente destinado a perderse, añadido de forma masiva para obtener la transformación de los reactivos y que al final del proceso no se halla en la forma química originaria, consiste obviamente en una carga tanto ambiental como económica, puesto que conlleva un mayor consumo de materias primas y una gran cantidad de residuos que eliminar.

Por otra parte, los catalizadores pueden ser heterogéneos, es decir, sólidos extraños a la mezcla homogénea dentro de la cual los reactivos se transforman en productos. Si no lo son, pueden llegar a serlo, es decir, pueden quedar químicamente fijados a un soporte sólido. De esta forma es más fácil aislarlos de los productos y reutilizarlos. En *La química y la industria* de octubre de 2011 intervino Luigi Vaccaro, de la Universidad de Perugia, describiendo reacciones que no necesitan disolvente. Esto se engloba dentro del quinto principio de Anastas y Warner, puesto que el disolvente puede ser nocivo para el medio ambiente y para la salud y no siempre reciclable al 100%. Si se puede evitar, mejor.

Vaccaro y sus colaboradores se focalizaron en los reactores de flujo continuo (en las instalaciones se denominan *reactores* a los recipientes de reacción). Si al menos uno de los reactivos es líquido y consigue disolver el otro sin recurrir a un disolvente añadido, el conjunto homogéneo discurre cíclicamente por un tubo que contiene el catalizador sólido insoluble hasta la reacción completa. En instalaciones de este tipo, apenas se forman los productos se separan automáticamente del catalizador, que queda listo para transformar nuevos reactivos.

* * * *

En el mismo número, Angelo Albini y su equipo de la Universidad de Pavía escribieron que «una industria cuyo objetivo consiste en mejorar la vida del ser humano no puede permitirse adoptar procesos con efectos negativos sobre el medio ambiente y, como consecuencia, sobre el hombre». El Consorcio Interuniversitario Nacional italiano «La química con el ambiente», fundado en 1993 por iniciativa de Pietro Tunco de la Universidad Ca' Foscari de Venecia, publica la revista digital *Green*. En su cabecera se puede leer: «La Ciencia al servicio del Hombre y del Ambiente». Un cierto ambientalismo fanático considera al ser humano como el cáncer del planeta y, en una especie de neopaganismo, diviniza la naturaleza y recupera el mandamiento de la Biblia según el cual la humanidad debe servirse de la Tierra solo para cubrir sus necesidades. Es reconfortante ver la relación reafirmada, la existencia de intereses comunes entre el medio ambiente y el ser humano por parte de los químicos con una vocación ecológica, así como apreciar el reclamo ético que emana de las palabras arriba citadas.

En el artículo al que pertenece el fragmento mencionado, Albini y sus colegas dan indicaciones sobre el modo más adecuado de enfocar los estudios que tratan la reducción del despilfarro. Desde este punto de vista, existen dos dimensiones capaces de dar un valor numérico a la eficiencia de un proceso industrial. Una es el factor E (de la primera letra del término inglés *environmental,* «ambiental»); la otra es la intensidad de la masa de un producto (PMI, del inglés *product mass intensity*). El primero calcula la relación entre la masa de residuos acumulados y la masa de producto útil obtenido. El resultado ideal es, lógicamente, cero. Si, por ejemplo, E equivale a tres, significa que por cada tonelada de producto útil se forman otras 3 toneladas de desechos a eliminar, incómodos y poco amigos del medio ambiente. Significa además que son necesarias 4 toneladas de materia prima en vez de 1. Las materias primas del planeta no son ilimitadas y no siempre es posible conseguirlas tratándolo con cariño. El PMI subraya este aspecto, indicando la relación entre la masa total introducida en la instalación y la masa de sustancia deseada que resulta. E y PMI están íntimamente relacionados: el segundo se obtiene añadiendo 1 al primero. Pero el efecto psicológico es diferente, ya que cada uno induce a focalizarse en aspectos diferentes. Mejor dicho, tal y como se pone de manifiesto en el artículo de los autores, ambas dimensiones son espías de dos mentalidades diferentes. El factor E, el primero en ser utilizado, revelaba la preocupación por disminuir la cantidad de deshechos, una obligación impuesta por leyes ambientales cada vez más severas, consideradas por los industriales como un fastidio. El PMI, de origen más reciente, destaca un comportamiento consciente, racional, ahorrador en todos los sentidos: la búsqueda del mayor beneficio posible fruto de la disminución del gasto, unido al trato del medio ambiente como un elemento esencial de nuestro bienestar.

Cuidar el valor de E lleva a mejorar los procesos existentes. «Por el contrario, perseguir el uso más eficaz de los reactivos impulsa a idear innovaciones más radicales, nuevos procesos que mejoran la eficiencia en los que la disminución de los deshechos es una ventaja añadida», escribe el equipo de Pavía. Una estrategia de ataque revolucionaria, contraria a pequeños retoques aquí y allá para conservar un viejo edificio, ya inadecuado.

Qué bonito, pensaréis. Quizá, pero en todo caso existen constataciones efectivas. Por ejemplo, en el ámbito farmacéutico se ha demostrado que entre los efectos negativos sobre el medio ambiente predominan los relacionados con las materias primas. Analizando el ciclo vital, desde su extracción a su uso y posterior eliminación *(cradle to grave,* como dicen los angloparlantes, es decir, «de la cuna a la tumba»), el resultado es constante: las consecuencias ambientales de la producción de las sustancias empleadas en la síntesis de un principio activo farmacéutico superan de largo las de la propia síntesis y tratamiento de los residuos. Es necesario, por tanto, intervenir en la raíz en lugar de podar las ramas. Sin embargo, no siempre es posible y sencillo. De cualquier manera, la química no desfallece y se sigue remangando (la bata).

XVI
BIO

Prefijo *chic*, a la moda, políticamente correcto, bio-, tres letras con carácter se han unido y ocupan los titulares de los periódicos, resuenan en la televisión y en los debates. Este prefijo regala el carné de persona preocupada por el bien de la humanidad a intelectuales, políticos (de largo recorrido o de gran ambición) y a otros muchos que probablemente de bio saben más bien poco. Ministros de derechas y de izquierdas se suceden en los organismos de medio ambiente recitando unos y otros la misma letanía: bio, bio, bio... ¡Qué cantinela!

Entre los lectores habrá seguramente alguno convencido de que los alimentos biológicos son preferibles a los que no llevan el mágico prefijo. Silvio Garattini, quien fuera director del Instituto Mario Negri de Investigaciones Farmacológicas, ha comentado en numerosas ocasiones esta cuestión, suscitando no pocas respuestas polémicas por parte de los agricultores biológicos. En junio de 2011 escribió:

«Los productos de la agricultura biológica tienen una sola característica acertada: la de ser mucho más caros que los que resultan del fruto de la agricultura moderna. Nadie ha documentado de forma directa que el tipo de agricultura señalada por algunos grupos políticos como la mejor forma de alimentación tenga realmente ventajas para la salud respecto a la forma de cultivar que utiliza los progresos de la ciencia agraria y el uso de antiparásitos. [...] En cualquier caso, la fe en los productos biológicos no ha recibido jamás apoyo científico, puesto que no existen estudios comparativos que demuestren su mayor calidad».

En marzo de 2006, en la sección «Tutto Scienze» («Todo ciencia») del periódico *La Stampa*, Michela Tamburrino entrevistó a Carlo Cannella, entonces profesor de ciencias de la alimentación de la Universidad romana de La Sapienza.
Estas fueron algunas de sus palabras:

*«Los productores de alimentos biológicos sostienen que su género es más nu-
tritivo que el industrial. Esta tesis está respaldada por datos extraídos del peso
húmedo de los alimentos. Sin embargo, dado que los suyos contienen menos
agua y están más concentrados, la valoración es errónea frente a una medición
del peso seco. Secados de la misma manera, los productos de uso común y los
biológicos registrarían el mismo contenido».*

En una entrevista de 2009 en la publicación *Laboratorio 2000*, Garattini
repetía que faltan investigaciones extensas. Un estudio sistemático sobre tres
tipos de productos alimentarios (cebollas, zanahorias y patatas) fue publicado
en 2010 en la revista americana *Journal of Agricultural and Food Chemistry* por
un equipo de investigadores daneses. El comienzo del estudio estaba en línea
con la tesis del farmacólogo italiano: «Los posibles beneficios del consumo de
alimentos biológicos siguen siendo controvertidos y poco documentados científicamente». Entre los metabolitos vegetales de interés dietético se encuentran los
polifenoles, considerados beneficiosos para rebajar el riesgo de enfermedades
cardíacas, demencia y cáncer. Un grupo de polifenoles común en el reino vegetal son los flavonoides, de los que las cebollas son una fuente importante. Otros
polifenoles, los ácidos fenólicos, se encuentran en las zanahorias y las patatas.
Un 80% o 90% son el 5-CQA, iniciales del ácido 5-O-cafeico-quínico.

El equipo danés estudió el tipo de polifenoles presentes en estos tres tipos de
plantas, analizando ejemplares cultivados en su país y obteniendo resultados
independientes de los lugares de origen. Respecto a las cebollas, los análisis
demostraron un perfil en línea con los resultados de estudios italianos de una
variedad cultivada en el sur de Italia, incluidas las famosas cebollas rojas de
Tropea. Para completar la foto, los investigadores observaron siete flavonoides
diferentes en las cebollas y tres ácidos fenólicos en las zanahorias y las patatas. Por tanto, compararon, en condiciones homogéneas, plantas cultivadas
según el modo tradicional, es decir, con pesticidas y fertilizantes artificiales (los
denominados abonos químicos) y otras no protegidas ni «nutridas» con estos

productos industriales. Estas últimas recibieron solo abonos orgánicos o abono de leguminosas.

Traduzco del inglés la conclusión del estudio: «No se han hallado diferencias en el contenido de flavonoides y ácidos fenólicos entre el método de cultivo tradicional y los dos métodos biológicos».

Si alguien prefiere los alimentos biológicos porque teme que los demás contengan sustancias nocivas, podemos justificarlo a través de una comparación homogénea. Así, debemos referirnos a alimentos producidos siguiendo las normas vigentes. Más allá de esas reglas, no podemos descartar efectos peligrosos, se trate de procesos tradicionales o biológicos. Si los productores son honestos, los alimentos tradicionales pueden contener, por ejemplo, residuos de pesticidas, aunque por debajo de niveles científicamente considerados inocuos. ¿Es que no os fiais de la ciencia y creéis que no existe un límite por debajo del cual no existe peligro? ¡Cuidado! Podríais terminar pensando que es mejor no comer, no beber y no respirar. A medida que las técnicas de análisis químicos se hacen cada vez más sensibles se descubre de todo en todas partes. Es más, las plantas que no se protegen con pesticidas sintéticos se defienden de los parásitos sintetizando sus propios pesticidas naturales, a menudo más peligrosos que los artificiales.

Volveremos sobre esta cuestión más adelante. Ahora me gustaría cambiar de tema, sin abandonar el prefijo bio-. Hace años que existe una gran controversia acerca de los biocarburantes. Los propios ambientalistas se encuentran divididos, como indican las dos últimas líneas de un artículo publicado por Pietro Greco el 4 de octubre de 2011 en la revista digital *GreenReport.it,* que resume su programa en las cinco palabras de su cabecera: «Periódico para una economía ecológica». Greco, que a menudo defiende ideas diferentes a las mías, pero que se apoya en bases científicas (también él es químico), recuerda que la producción de carburante de origen vegetal está generando problemas «ligados al uso de áreas de cultivo con fines industriales en vez de agrícolas».

¿Cultivar para poner en marcha los motores o para alimentar a la humanidad? He ahí la cuestión, como diría Hamlet. Más allá del dilema ético-práctico, otros disparan sus críticas directamente contra ese tipo de industria. Los carburantes producidos proporcionan a duras penas, aunque la proporcionan, la cantidad de energía consumida para crearlos. Desde el punto de vista ecológico poseen ventajas, pero también inconvenientes.

En cuanto a mi opinión personal, me limito a apoyar la propuesta de algunas personas con sentido común. No podemos pretender que los biocarburantes sustituyan a los derivados del petróleo. Dejemos, por tanto, de financiar con dinero del contribuyente su producción, ventajosa económicamente solo para quien hace negocio con ella. Afirmar que estos carburantes no influyen en el CO_2 de la atmósfera es una burda simplificación. Un sector afín, el del aprovechamiento de los bosques con fines energéticos, ha sido atacado con fuerza por un grupo de investigadores de diversas nacionalidades. He aquí una tajante frase en uno de sus artículos publicado en 2012 en *Global Change Biology – Bioenergy*: «La producción de bioenergía a gran escala a partir de biomasas forestales no es ni ambientalmente sostenible ni neutra para los gases de efecto invernadero». En cualquier caso, los científicos se encuentran ampliamente divididos respecto a la relación entre el cambio climático y el efecto invernadero debido a la actividad humana: unos se muestran convencidos mientras otros no lo están en absoluto y atribuyen la evolución del clima a causas mucho mayores que el ser humano. Habrá quien os haga creer que la ciencia es unánime en este sentido, pero no hagáis caso.

De cualquier forma, ¿qué pueden esperar de los biocarburantes los defensores de la responsabilidad humana en el calentamiento global? En Italia, desde comienzos de 2012, el gasóleo destinado al transporte debe contener, por ley, un 4,5 % de biodiésel, es decir, carburante para motores diésel derivado de vegetales. Hace aproximadamente 10 años se realizó un sencillo, que no simplista, cálculo: para poder sustituir con biodiésel el 5 % del gasóleo consumido en Italia, sería necesario destinar al cultivo de la colza, por ejemplo, una superficie similar a casi tres cuartas partes de la destinada al cultivo de la aceituna. ¿Os sorprende? ¿Pensabais que la materia prima, a diferencia del petróleo, salía de nuestra casa? No, no es así. Se importa. Con los incentivos estatales, es decir, con el dinero de los italianos, hacemos un enorme favor a los agricultores extranjeros.

Más allá de cuestiones puramente económicas, que a muchos de nosotros no nos dejan indiferentes, ¿qué ahorro permite ese 5 % sobre las emisiones de dióxido de carbono? Precisamente no más del 5%. ¿Cuántas centésimas de grado menos conllevarían para la atmósfera terrestre en los próximos decenios? Mucho ruido y pocas nueces (si bien el ruido es intenso).

Como conclusión acerca de la propuesta realizada por personas de sentido común, me gustaría dejar un resquicio abierto: para producir combustibles (metano, otros hidrocarburos gaseosos y carburantes líquidos), podemos aprovechar aquello que se produce en el campo, pero no se utiliza. Me refiero a los deshechos agrícolas. Quizá es más conveniente el abono, o compensa más la combustión en los llamados *termovalorizadores* (eufemismo para incineradoras). Se intenta (¡en vano!) hacer aceptar un tipo de instalación odiada por los ambientalistas irracionales ocultando su función principal y mostrando en su lugar la producción de parte de la energía que el mundo necesita. A fin de cuentas, si la transformación en combustibles tiene finalidades prácticas, someter los deshechos agrícolas a procesos químicos de fermentación mediante bacterias parece una decisión correcta. Por tanto, tampoco es que el bio deba ser excluido *a priori*. Incluso podrían cultivarse plantas *ad hoc,* por supuesto solo en terrenos agrícolas abandonados. Podríamos hacerlo de tal forma que, lejos de contribuir a la degradación del terreno, volviese a aportar a la economía.

La cuestión no se limita a la producción de energía. Solo he citado el final del artículo de Greco, pero el resto es digno de mención. El autor se inspira en la revista británica *Nature*, que lanzó la idea de aprovechar materias primas vegetales para producir isopreno. Este hidrocarburo, cuyo nombre científico es 2-metil-1,3-butadieno, con fórmula $CH_2=C(CH_3)-CH=CH_2$, es el monómero de polímeros naturales: el caucho de la euforbiácea *Hevea brasiliensis,* árbol originario de América, la quinilla del árbol *Mimusops* balata de la Guayana y las Antillas y la gutapercha del árbol malasio *Palaquium oblongifolium.* El primero es la goma natural, utilizada también en la producción del primer plástico semisintético de interés práctico.

El primer plástico sintético descubierto fue un esbozo del material actualmente conocido como *PVC*. Poco después de 1835, el francés Henri Victor Regnault observó que la luz del sol transformaba un gas, el cloruro de vinilo, en una masa similar a la cera. En 1872 el alemán Eugen Baumann obtuvo un policloruro de vinilo de cierto interés. Un compatriota suyo, Friedrich Heinrich August

Klatte, y el ruso-americano Ivan Ostromislensky continuaron con los estudios. Finalmente, poco antes de 1930, el estadounidense Waldo Lonsbury Semon, famoso padre de la primera goma de mascar sintética, que murió en 1999 a la edad de 100 años, comprendió que el PVC requería plastificantes, es decir, aditivos que lo convirtieran en blando. Este material, generalizado hoy en día en innumerables sectores, desde las tarjetas de crédito al aislamiento de cables eléctricos o los cerramientos en construcción, llegó al mercado en 1931 como impermeabilizante para impermeables y paraguas.

Una historia larga y compleja, por tanto. En aquella época, el PVC era superado por otros materiales. La primacía, cronológicamente hablando, corresponde al caucho, cuya vulcanización se patentó en 1844. Su artífice fue un estadounidense llamado Charles Goodyear (apellido poco apropiado, cuyo significado es «buen año»). En efecto, estaba destinado a la gloria, pero no a hacer fortuna. El caucho extraído del árbol era pegajoso en verano y rígido y frágil en invierno. Goodyear descubrió, gracias a experimentos empíricos o quizá por casualidad, según ha trascendido, que estos inconvenientes desaparecían por reacción con azufre caliente. Hoy en día sabemos que cada átomo de azufre tiende a realizar dos enlaces covalentes, pudiendo formar un puente entre dos cadenas de polímero uniéndolas transversalmente, convirtiéndolo así en reticulado. La vida del inventor transcurrió entre disputas legales por patentes ajenas que, según él, plagiaban la suya. No conoció el éxito económico, pero sí la prisión debido a las deudas. Su hermano Nelson Goodyear se dedicó a producir ebonita, material rígido obtenido con elevadas dosis de azufre, que explotó comercialmente durante un tiempo. Las semillas que diseminó Charles Goodyear fueron recogidas por otros. La empresa Goodyear, famosa fabricante de neumáticos, no tiene ninguna relación con él o con su familia. El nombre fue un homenaje a Frank Seiberling en 1898. Hace mucho tiempo que el isopreno industrial deriva, como otras muchas sustancias indispensables para la sociedad moderna, de las transformaciones químicas del petróleo. Algunos lo extraen de materias primas vegetales y, por tanto, renovables, con lo que tendríamos goma «verde» y neumáticos «verdes». O deberíamos decir «tenemos». Quizá, mientras leéis, sea ya una realidad. Por lo visto en California avanzan a pasos agigantados. Greco advierte de que una empresa en Palo Alto, Genencor, que colabora con Goodyear, tiene previsto introducir en el mercado isopreno obtenido de bacterias genéticamente modificadas que transforman azúcares vegetales. La multinacional francesa Michelin también colabora con una empresa californiana, Amyris, de Emeryville, para el desarrollo tecnológico del isopreno renovable (la materia prima sigue estando formada por azúcares) con la marca No Compromise. Este nombre, que podríamos traducir como *intransigente,* parece escogido para ejercer presión sobre los ambientalistas radicales, quizá con la esperanza de que no presten demasiada atención al hecho de que también ese proceso se fía a los denostados organismos genéticamente modificados (OGM), hongos, en este caso.

En su artículo, Pietro Greco revisa además los biocarburantes procedentes de algas, los ingredientes químicos (también de origen vegetal) para cosméticos y, por último, el ácido acrílico de la empresa Dow Chemical, en Míchigan, que utiliza como materia prima la fécula de maíz o el azúcar de caña. El ácido acrílico (CH_2=CH-COOH) es un producto intermedio de la síntesis de muchas materias plásticas. ¿A qué se debe este fervor de iniciativas?, se pregunta el autor. Y ofrece respuestas plausibles. Las dos más interesantes, bajo mi punto de vista, son: observar el rendimiento económico de vías alternativas al petróleo, cada vez más caro; y restituir la imagen «verde» de la química. Incluso un columnista que, como he mencionado, opina de forma muy diferente a la mía, asume que, en las decisiones estratégicas, la apariencia tiene un papel primordial.

XVII
AMBIENTE, SODA Y COLORANTES

No he querido agotar el tema de la química verde. Solo he expuesto algunas de mis ideas haciendo referencia a sectores en los que el «verde» es realmente útil y otros en los que, sin embargo, no me convence. Ahora pretendo razonar a mi manera (discutible, por tanto) acerca de la paternidad de ese color aplicado a la química. Dicho de otra manera, pretendo comprobar si hacia 1990 se desencadenó realmente una revolución química, una palingénesis; si antes de Paul Anastas y de cualquier otro *concerned scientist* (que significa «científico preocupado», como queriendo decir «a diferencia de los otros») los químicos solo pensaban en dar con productos rentables, considerando la Tierra como una especie de almacén listo para ser saqueado, sin atender al despilfarro, sin preocuparse por el mañana.

No hay duda de que en muchos casos así ha sido. Con terribles consecuencias para el medio ambiente y, por consiguiente, para los humanos que lo habitan. Por otro lado, buscar una retribución es del todo normal y no tiene por qué ser injusto. Algunos gobiernos, impulsados por ideales con un trasfondo noble, han querido suprimir los beneficios, terminando por aumentar la miseria que pretendían eliminar. Sin embargo, es cierto que los beneficios no justifican la piratería o el estilo «después de mí, el diluvio».

Son infinitas las aplicaciones prácticas que tienen efectos colaterales negativos. Si hace miles de años el inventor de la rueda se hubiese ceñido al principio de la precaución, no habría hecho nada y se habrían evitado muchísimos muertos en accidentes de tráfico. Tampoco se habrían construido carreteras, puentes o vías de tren. Algún que otro ambientalista fanático dirá que habría sido mejor, quizá mientras conduce un coche, viaja en tren o consume productos transportados por un camión.

No podemos pretender que la química esquive la regla universal de las dos caras de la moneda; también tiene sus efectos colaterales. A lo largo de la historia han sido graves, desatendidos, incluidos con cinismo en un balance amoral o incluso inmoral. A veces han sido descubiertos con retraso, otras se intuyen desde el comienzo, pero se consideran relativamente pequeños, aceptables en un recuento positivo para la sociedad y no solo para los emprendedores.

De cualquier forma, es necesario revisar los recuentos constantemente, puesto que los conocimientos científicos aumentan y las exigencias humanas evolucionan. Como señala el dicho, un plato vacío, un problema; un plato lleno, muchos problemas. Una sociedad que busca salir de la miseria y alcanzar un mínimo de bienestar material otorga poca importancia a ciertos inconvenientes. No dedica la atención necesaria a la seguridad de los operarios de las fábricas o de las personas que viven alrededor. Incluso puede llegar a hacer la vista gorda frente a enfermedades laborales o la contaminación ambiental. No hace muchos años que también aquí sucedía, no podemos negarlo. En la actualidad sigue siendo así en países subdesarrollados y en buena parte de los llamados *emergentes*. En lugares con falta de libertad la situación es aún más grave al no existir controles ni restricciones. Todos sabemos que la carrera de la locomotora china se alimenta de una escasísima sensibilidad ecológica. Sin embargo, no todos saben que una gran parte de los paneles solares vendidos en el mundo, adorados por los ambientalistas, se producen en China sin grandes miramientos por el medio ambiente.

Cuando se tiene un plato caliente encima de la mesa dos veces al día, como es habitual en Occidente desde hace mucho tiempo, se descubren nuevos problemas a los que no se había prestado atención mientras el problema inmediato era la supervivencia. Llegado ese momento, se toma conciencia de la contaminación, de la toxicidad de ciertos aditivos alimentarios. O aparece la preocupación por el destino de algunas especies animales en riesgo de extinción por nuestra culpa, real o presunta, demostrada con certeza o solo como hipótesis por estudios no confirmados.

Antes de la aparición de ciertas modas, algunos se generaban problemas porque tenían o podían tener implicaciones económicas. Este aspecto lo hemos tratado varias veces en los Capítulos XIII (La tendencia a la uniformidad) y XIV (El punto crítico) a propósito de la química verde. Yendo atrás en la historia, lo encontramos mucho antes de Paul Anastas y sus famosos 12 principios. No es que esto nos lleve a negar la gran contribución teórica de este químico estadounidense, sino a dar valor a los científicos del pasado que se conformaban con hacer química de la mejor manera posible, sin pretender pintarla de verde. La química verde ya existía antes de saber que era verde. Consistía en trabajar bien: una empresa derrochadora es una empresa que trabaja mal.

Adaptando las palabras de Claudio de la Volpe de mayo de 2011 en *La química y la industria*, puedo decir que un trabajo bien hecho es aquel que deja tras de sí el menor rastro posible. Salvato Califano, en su segundo volumen de *Historia de la química*, y Giuseppe Trinchieri, en *Industrias químicas en Italia*, nos cuentan que el primer producto industrial sintético, la soda, fue todo menos inocuo para el ambiente y los operarios. Se trataba de carbonato de sodio, Na_2CO_3, utilizado en vidrios, jabones y tejidos. Ya desde la antigüedad se obtenía de las cenizas de algas y plantas de terrenos salobres o de yacimientos egipcios. En la primera mitad del siglo XVIII hubo un gran aumento de la demanda y el precio subió por las nubes. En 1776, la Academia de las Ciencias de París ofreció un sustancioso premio a aquel que inventase un método para producir soda de buena calidad de forma sintética.

El médico francés Nicolas Leblanc, que trabajaba al servicio del duque Luis Felipe II de Orleans, tras varios fracasos, consiguió finalmente ir más allá de la simple transformación de la sal marina de cloruro de sodio en sulfato, que no era ni nueva ni difícil. Una vez obtenido el sulfato, lo mezclaba con carbonato de calcio (roca calcárea) y carbón, lo introducía en un horno y lo fundía. El carbón reducía (ver Capítulo III: Una larga historia de casi tres siglos) el azufre de los iones sulfato a iones sulfuro (S^{-}_{2}), mientras el carbono del carbón, oxidado a dióxido, se dispersaba en el aire. Del horno se extraía la llamada *ceniza negra* (por los residuos de carbón). Añadiendo agua se separaba el sulfuro de calcio, poco soluble, mientras la solución se filtraba y se concentraba, dando lugar a carbonato de sodio sólido. Leblanc no obtuvo el codiciado premio, pero en 1791 le fue concedida una patente de 15 años. Gracias a una generosa financiación del duque, abrió un establecimiento en el que producía entre 2 y 3 quintales de soda al día. Pocos años después estalló la Revolución francesa. En 1793, pese a mostrar simpatía por las nuevas ideas y darse el nombre de Felipe Igualdad, el duque fue guillotinado. Leblanc tuvo que entregar su tecnología al dominio público y su fábrica fue confiscada. Cuando Napoleón se la restituyó en 1802, Leblanc, en la miseria, no pudo reactivarla. Se suicidó en un asilo en 1806.

La producción de soda se expandió rápidamente por Francia y Gran Bretaña. Pero la de su fundador no fue la única historia desdichada. Las condiciones de las fábricas eran terribles y los operarios, seleccionados entre los jóvenes más sanos, fuertes y robustos, se convertían en despojos humanos a los pocos años de trabajar en ellas. El medio ambiente también sufría lo suyo. Lo que convierte el cloruro de sodio en sulfato en la primera fase del proceso es el ácido sulfúrico. Además, se formaba un subproducto, el ácido clorhídrico (o *muriático,* como se decía entonces), que al ser un gas, se dispersaba en el ambiente: por cada quintal de cloruro de sodio utilizado como materia prima se liberaban en el ambiente unos 60 kilos de gas ácido y corrosivo, destruyendo vegetación, alterando terrenos y corroyendo edificios, verjas y tejidos. Los ojos y las vías respiratorias de los habitantes sufrían graves irritaciones. Los animales de las granjas, como ovejas y vacas, morían. Para aplacar a la población enfurecida, los industriales comenzaron a recoger el ácido en tanques de agua que a continuación se vaciaban en los ríos, provocando la muerte de peces y la corrosión de las estructuras que sostenían los puentes.

Tras años de diatribas, el Parlamento británico aprobó en 1863 la famosa *Alkali Act,* una ley sobre la producción de álcalis. La soda es una sustancia alcalina, adjetivo contrario a ácida. Con aquella ley se prohibía su emisión en el aire. Trece años después llegó la *River Pollution Act,* que ampliaba la prohibición a la descarga de líquidos en los ríos. Sin embargo, el ácido clorhídrico no era el único problema. Había toneladas y toneladas de sulfuro de calcio (el 70% respecto a la soda producida) que se amontonaban en zonas adquiridas para ese fin en las cercanías de las fábricas. Más del 40% del peso del sulfuro de calcio se compone de azufre en forma de iones sulfuro. Estos iones están en equilibrio con el ácido sulfhídrico (H_2S), ácido muy débil: la sola presencia de ácidos diluidos es suficiente para que se forme a partir de sus sales. Así sucedía en aquellos montones. Al tratarse de un compuesto gaseoso viciaban el aire con su hedor putrefacto y su alta toxicidad.

En 1860 un joven alemán de gran inteligencia e iniciativa fue a trabajar a una de esas fábricas. Su nombre era Ludwig Mond y había estudiado química en Marburgo, sede de la cátedra de química más antigua del mundo (1609), y en Heidelberg, donde fue alumno de Robert Bunsen, cuyo apellido bautizó el «mechero Bunsen» utilizado en los laboratorios. A los 19 años Mond abandonó la universidad sin titularse. Pero sabía que había aprendido mucho, era esto lo que le importaba, no el trozo de papel. Tenía un gran deseo de embarcarse en la química viva de las producciones industriales, de innovar, de explorar lo desconocido. En contacto directo con la tecnología de Leblanc, Mond pronto se sintió incómodo con el azufre, materia prima costosa, extraída de las minerías sicilianas, con el que se sintetizaba el ácido sulfúrico utilizado en la primera fase del proceso. Tirarlo como sulfuro de calcio era un desperdicio de recursos naturales y económicos, además de un atentado contra el medio ambiente.

El año anterior, en Colonia, el joven había dado a un tío suyo, pionero en la industria electroquímica, buenos consejos para recuperar sulfato de zinc y ácido nítrico de las soluciones eliminadas. Era amante del «nada se crea y nada se destruye». Siendo niño, mientras su madre remendaba unas medias, le preguntó qué había pasado con la lana que había desaparecido dejando un agujero. Se desconoce la respuesta de la mujer, pero ¿qué tipo de preguntas hacía su pequeño? Difícil imaginar entonces que de aquella insólita curiosidad florecería una memorable vida emprendedora. Pese a trabajar lejos, el joven Ludwig visitaba a menudo a su tío de Colonia, que había montado un pequeño laboratorio en su desván. Ahí ideó un proceso para recuperar la mitad del azufre desperdiciado en el método Leblanc. Su padre, preocupado por el futuro de aquel hijo que no había terminado los estudios, comenzó a tener fe en él y pagó la patente. La innovación llamó la atención de una fábrica de Aquisgrán, que compró una licencia. Pocos años después, Mond se lanzó a la conquista del mercado inglés, mucho más amplio. Tenía 23 años, excelentes conocimientos científicos y técnicos y mucho, mucho entusiasmo. Consiguió vender una licencia a una gran fábrica de soda sin dejarse intimidar por la condición del comprador: la remuneración estaba condicionada a los resultados positivos del método inventado por el alemán. El éxito no faltó, abriendo a Mond el camino para convertirse en un magnate de la industria británica. Aquel alemán emprendedor no cesó nunca de indagar en nuevas ideas científicas. En 1872, tras conocer que el belga Ernest Solvay había inventado un proceso para fabricar soda sin recurrir al ácido sulfúrico, acordó con él aplicarlo en Inglaterra. Gracias a las muchas mejoras aportadas por el alemán, ese proceso se impuso en el mundo y sigue siendo utilizado en la actualidad.

Una de las investigaciones a las que Mond dedicó un tiempo sin los resultados esperados condujo, sin embargo, a un descubrimiento científico que resultó ser madre de numerosos filones industriales: la síntesis del tetracarbonilo de níquel. Pero esta es otra historia. Interesantísima, sin lugar a dudas, pero nos haría perder el hilo. Os hablaré solo de la idea en la que se basa. Como vimos en el Capítulo IX (Sal en la carretera), el proceso Solvay desecha en forma de cloruro de calcio el cloro contenido en la sal. ¿Podía Ludwig sentirse satisfecho? Por supuesto que no. Anastas tuvo en él un precursor.

Ya antes de la llegada de Mond, el Reino Unido experimentó un gran florecimiento industrial con el nacimiento de los colorantes sintéticos. Fue este un sector fruto de un deseo natural en un químico: aprovechar un desecho como materia prima. Es decir, transformar un residuo, incómodo y engorroso, en un recurso de bajísimo coste. Las primeras pruebas las hizo Friedlieb Ferdinand Runge, a quien ya conocimos como descubridor de la cafeína. El desecho industrial en cuestión se trataba del alquitrán, residuo de la destilación seca del carbón fósil, de la cual se extraía el denominado *gas de alumbrado,* compuesto por una mezcla de gases combustibles utilizados en las farolas y, hace tiempo, para los hornillos de las cocinas. Actualmente, para cocinar, se utiliza metano, que mezclado con el aire puede ser explosivo; aquel viejo gas contenía además monóxido de carbono, explosivo también y altamente tóxico si salía al aire sin quemar.

En 1834, Runge obtuvo anilina del alquitrán, a la que dio el nombre de *Cyanol,* puesto que de ella extraía una sustancia de color azul (*kyàneos* significa «azul» en griego). Se trataba del primer colorante sintético, del que Runge intuyó su potencial comercial para la industria textil. Era director técnico de un establecimiento químico en Uraniemburgo, no lejos de Berlín. Cambiando reactivos, extraía de la anilina soluciones de otros colores. Presentó a su empresa un proyecto de investigación aplicada, pero el director financiero se opuso a la idea tildándola de arriesgada y de poco práctica respecto a la inversión. Así, los descubrimientos de Runge se quedaron en un cajón.

La ocasión perdida por la industria alemana fue atrapada por la competencia británica. Muchos químicos tenían la esperanza de conseguir algo rentable del alquitrán como William Henry Perkin, de 18 años, que intentaba en 1856 extraer por síntesis la quinina, costoso fármaco de origen vegetal con propiedades contra la malaria. En su lugar, obtuvo una pasta oscura que invitaba a tirarla a la basura y ponerse con otra cosa. Pero antes quiso intentar algo: extrajo con alcohol esa cosa repugnante. ¡Maravilla! Surgió una bella solución de color rojo-violeta. Ni rastro de quinina, pero sí una mina de oro en esa probeta, habían nacido los colorantes sintéticos.

Recapitulando, a través de la destilación del carbón, algunos químicos crearon un procedimiento que aprovechaba poco o mal un preciado recurso. A mediados del XIX, otros químicos aplicaron un nuevo criterio: deshacerse de lo mínimo posible. Estas dos tendencias siempre han existido en la química, antes incluso de que a nadie se le ocurriera llamar verde a la más virtuosa. Por supuesto, podría objetarse que en este caso no se debe hablar de virtud, sino de una estrategia para hacer negocio. ¡Oh! Claro que sí, la curiosidad científica estaba ahí, pero también el sueño de hacer fortuna. ¿Desmerece esto los descubrimientos? Hay que aprovechar lo bueno cuando llega. Que provenga de aquí o de allá es secundario. ¿O acaso creéis que lo único que puede hacer avanzar el mundo es el verde medioambiental, sin prestar atención al verde de los dólares, como dirían los estadounidenses? Cierto, hay valores mucho más elevados que el beneficio, y benditos sean los que los persiguen: generosidad, altruismo, amor al prójimo, honestidad, rectitud. El dinero no garantiza el bienestar. Aun así, ese bienestar de serie B llamado *bienestar material* es una aspiración lícita. Si la forma de alcanzarla es lícita, ¿por qué pretender que un emprendedor trabaje sin beneficio? ¿Por qué debería hacerlo?

Por último, no se puede hacer vivir a la humanidad sin producir riqueza. Uno puede creer por un tiempo que sea posible, pero antes o después las consecuencias se pagan. Y entonces aprovechamos los frutos «verdes», aunque no provengan de un pensamiento verde. En este campo, los procesos son contrarios a las intenciones.

Tercera parte

LA ENEMIGA

XVIII
AYER Y HOY

Trabajar en la industria alimentaria es dos veces más peligroso que hacerlo en un establecimiento químico. Creedme, no estoy exagerando. Es más, la relación es algo mayor: 2,36 para ser exactos. Si comparamos la industria química con el sector de la madera o del metal, el riesgo es hasta tres veces mayor en estos últimos.

Los números se refieren a Italia y se basan en los datos del Instituto Nacional para la Prevención de los Accidentes Laborales de Italia (INAIL) para el trienio 2008-2010. Hacen referencia a la frecuencia y gravedad de los accidentes en el trabajo: consisten en el número de días de ausencia del trabajo tras un accidente dividido por 1000 horas de trabajo efectivo. Si nos centramos solo en la frecuencia, es decir, la cantidad de accidentes destacables (aquellos que en el mismo periodo han supuesto una ausencia mayor de tres días) por cada 1000 horas trabajadas, los números cambian poco, solo algún decimal.

Datos de hecho. Quizá estéis pensando que he planteado un aspecto favorable para la química (los accidentes relativamente contenidos) para desviar vuestra atención de, por ejemplo, las enfermedades laborales. Pues no. He aquí la relación de personas que enfermaron en Italia por causas laborales en el periodo 2005-2010. También en este caso la frecuencia es mayor del doble en el sector alimentario: 1,11 enfermedades por millón de horas trabajadas frente a 0,52 en la industria química. En otras palabras, un trabajador químico enferma por su profesión cada 1923000 horas de trabajo prestadas por él y por todos sus colegas italianos.

Intentemos hacer un cálculo algo abstracto y *grosso modo* para tener una idea aproximada de la cuota de personas que trabajan en la química y enferman por ello. Tomemos el ejemplo de un individuo que trabaja 40 años. Un año tiene 52 semanas, de las que cuatro son vacaciones. Quedan 48. Consideremos el horario semanal clásico de 40 horas. Si no añadimos horas extraordinarias ni restamos ausencias por enfermedad, bajas o huelgas, el trabajador dedica a la empresa, a lo largo de su vida laboral, 76 800 horas. ¿Cuánto es un millón entre 76 800? Trece. Por tanto, según este burdo cálculo, de media, un trabajador químico sobre 13 contrae, antes o después, una enfermedad leve o grave como consecuencia de su trabajo. Según este mismo cálculo, en la industria alimentaria la media es de uno sobre seis.

Naturalmente, lo ideal sería que no enfermara nadie: detrás de las estadísticas hay personas de carne y hueso. Sin llegar a la ilusión del riesgo cero, debemos tomar conciencia de que hay margen de mejora. De ahí a dar crédito a las voces que comparan un establecimiento químico con un infierno hay un trecho.

¿Y la contaminación del ambiente? La Federchimica, federación de las asociaciones del sector de la industria química italiana, puso en práctica desde el último decenio del siglo pasado el programa internacional *Responsible Care* («Cuidado responsable»). En el informe anual publicado en octubre de 2011 se observaba la evolución de las consecuencias ambientales de las actividades de las empresas participantes, que en aquel momento eran 170 y producían casi el 53% de la facturación química de Italia. Respecto a 1989, la mejoría fue general en todos los tipos de contaminación.

Empecemos con las emisiones en el aire. El dióxido de azufre, también llamado *anhídrido sulfuroso*, disminuyó en miles de toneladas, de 195,4 a 5,9 kt. El NO_x (óxido de nitrógeno), de 51,4 a 7,8 kt. A partir de 2009, cuando el valor era 7,2, se produjo una ligera subida, pero en 2010 las producciones industriales aumentaron más del 10%, por lo que proporcionalmente la evolución continuó siendo positiva. Volviendo al periodo entre 1989 y 2011 y siguiendo con la misma unidad de medida, la suciedad liberada disminuyó, pasando de 17,5 a 0,5 kt. Los compuestos orgánicos volátiles, como los disolventes, de 38,0 a 3,3 kt.

Respecto a las emisiones en el agua, los compuestos orgánicos, que sustraen oxígeno a los organismos acuáticos, eran de 51,7 kt en 1989 y de 12,6 kt en 2009. Después subieron a 13,3 kt durante 2010, año del aumento de la producción anteriormente mencionado. Los compuestos nitrogenados disminuyeron en 12 doce años de 5,7 a 1,2 kt. Y los metales pesados, de 58,0 a 31,6 kt.

¿Y el consumo de energía? ¡Ah, sí! Eso también es importante para el ambiente (como lo es para la economía). Sumando combustibles y energía eléctrica, la industria química italiana en su totalidad (es decir, no solo la adherida al programa *Responsible Care*) pasó de casi 11 millones de toneladas de equivalentes energéticos del petróleo consumidos en 1990 a menos de 7 millones en 2009. También en este campo se produjo un crecimiento en 2010 como respuesta al aumento en las producciones tras dos años de evolución negativa a nivel mundial.

No obstante, llegados a este punto es legítimo un resquicio de hostilidad por parte de algunos de vosotros. La química, entendida ahora como una industria, no nació en 2009 o 2010. Es muy fácil presumir hoy de estos éxitos. Innegable, pero dadme tiempo y seguid leyendo.

XIX
PARA NO OLVIDAR

¿Os parece que 1000138000000 de euros es una buena cifra? Y tanto que lo es. Más aún en tiempos de crisis. Esa es la cantidad invertida en 2010 por la industria química italiana en la seguridad y la salud de sus trabajadores y de los habitantes cercanos a las fábricas. La inversión se destinó además a la seguridad del transporte de sus productos y al cuidado del medio ambiente. Una cifra que reflejaba un porcentaje del 2,2 % de su facturación. La Federchimica airea estas cifras con merecido orgullo, al igual que hace con las que he anotado en las páginas introductorias de esta tercera parte. El informe que las contiene, publicado en otoño de 2011, es el decimoséptimo de la serie. Todas las ediciones sucesivas han presentado resultados que dejan en muy buen lugar al sector químico italiano. Siempre que he tenido ocasión de contribuir modestamente a su difusión entre los «no trabajadores del sector», yo mismo he aprovechado encantado, bien por deber de información, bien porque, como químico, me siento partícipe por una especie de parentesco imaginario.

He podido comprobar en varias ocasiones que la gente da importancia a los progresos de la industria respecto al medio ambiente y la salud cuando se ilustran estas cifras. Claro, alguien sin relación directa no puede evitar construir su opinión sobre eslóganes apoyados en tópicos que los medios de comunicación apenas se ocupan de contradecir o desenmascarar, sino que más bien difunden con gran hincapié. ¿Qué imagen de la química presenta la mayor parte de los periódicos, la radio y la televisión? La de un demonio que envenena y destruye. Así es como se moldea la opinión pública.

No obstante, hay que decir que, desde mi punto de vista, también en esto tiene responsabilidad la química por su actitud con la comunicación. Podría parecer obvio que me estoy refiriendo a algún emprendedor deshonesto y sin escrúpulos, dispuesto incluso a negar la evidencia cuando esta le contradice. Sin embargo, me estoy refiriendo a estrategias del emprendimiento más iluminado y serio, deseoso de comunicarse con el público, pero que al hacerlo levanta muros que impiden un diálogo abierto y franco.

Si mostramos lo buenos y voluntariosos que somos los químicos, lo mucho que mejoramos el mundo que nos rodea año tras año, si hablamos del montón de dinero que cuesta todo esto, está bien. Pero en la mente de cualquiera que sepa sumar dos más dos, toma forma una necesidad absoluta de claridad. Si habéis disminuido tanto las emisiones nocivas y contaminantes y si esto os ha supuesto tantos esfuerzos económicos, ¿cuál era la situación antes? No podía ser otra que un horror, y entonces los que critican a la química tienen razón.

Generalizar conduce a error, así que afrontemos los químicos esta cuestión hasta el fondo. Distinguir caso por caso, restablecer la verdad del pasado y enmarcar cada momento en el contexto histórico de los conocimientos tecnocientíficos, ¿quién podría hacerlo mejor que la propia industria si realmente tuviese la voluntad de hacerlo? Y, sin embargo, todos tan educados, dispuestos a desgranar números y enseñar gráficos mientras se habla de las cosas buenas y agradables. Si la gente, hambrienta por conocer la verdad, hace alusión a las páginas de un pasado muy diferente, entonces…, silencio, como si esas páginas no existieran.

Detrás de este comportamiento imagino que está el deseo de no hablar en absoluto. ¡Ilusiones! A mi mente llega el libro *Los novios*, el encuentro entre Renzo y el abogado Azzecca-garbugli. Acostumbrado a salvar de la justicia a canallas, reos de abusos a débiles, no puede imaginar que quien tiene delante es, sin embargo, un pobre diablo que busca justicia. En pleno equívoco, pensando que Renzo le oculta su culpa, intenta animarlo diciéndole que quien esconde la verdad a su abogado es un patán que terminará diciéndola ante el juez.

El cierre de las tristes páginas de un pasado no demasiado lejano solo es válido para quien posee las competencias que le permiten comprender cómo fueron realmente los acontecimientos. Es decir, es un obstáculo para quien busca un apoyo para colaborar e informar seriamente al público. En absoluto funciona para los enemigos prejuiciosos de la química. Estos son incompetentes, pero les da igual. ¿Qué les importa a ellos la verdad? Solo quieren acusar a gritos para suplir la falta de argumentos científicamente sólidos. Los efectos de este cierre de la industria son indudablemente peores que los que pretende evitar. Debilitan y frustran la información sobre los progresos alcanzados a tan alto precio. La gente termina por desconfiar. Por el contrario, la apertura genera confianza. No soy yo quien lo dice, está escrito, por ejemplo, en un informe publicado en Gran Bretaña en 2000 por la Cámara de los Lores sobre ciencia y tecnología. En sus páginas puede leerse: «La mentalidad inspirada en el secretismo [...] ha dejado el camino abierto a acusaciones de conspiraciones y encubrimientos».

Por suerte, existen excepciones que no buscan remover el pasado. Una de gran importancia es la participación de empresas en la rehabilitación de áreas industriales contaminadas. Por citar un testimonio más, en relación con las consecuencias sobre la opinión pública, retomo una idea del subtítulo de un artículo publicado en *La química y la industria* en 2009: la rehabilitación es necesaria para generar confianza. Palabra de Luigi Campanella, de la Universidad romana de La Sapienza y entonces presidente de la Sociedad Química Italiana. En el texto hacía mención a una convención celebrada pocos meses antes en la que se confrontaron las exigencias presentes y futuras por las culpas del pasado. En el mismo número de la revista, Paolo Salusti, de ENI, y Daniele Arlotti, de Foster Wheeler, ilustraban los pasos que dieron lugar al nuevo centro de exposiciones de la feria de Milán. Al norte de la ciudad había funcionado de 1953 a 1992 una refinería nacida con Condor, traspasada después a Shell y finalmente a Agip, del grupo ENI. En los periodos de máxima actividad producía al año 5 millones de toneladas de carburantes, aceites combustibles y, sobre todo, lubricantes derivados del crudo procedente de diversas partes del mundo. En 2000 se firmó un acuerdo entre la región de Lombardía, la provincia de Milán, los ayuntamientos interesados (Milán, Rho y Pero), la feria y Agip, gracias al cual al término del siguiente año el 40 % del área había sido resanada. El resto estuvo listo en 2003. Se trataron 4,5 millones de metros cúbicos de terreno y se realizaron más de 90 000 análisis químicos. El nuevo centro ferial se inauguró en la primavera de 2005.

En el mismo fascículo de *La química y la industria,* su director, Ferruccio Trifirò, dedicó cuatro páginas a analizar y comentar la cuestión general de la grave contaminación de numerosas áreas. Según su experta opinión, en el pasado las causas estaban justificadas en parte por el hecho de que no se conocía la toxicidad de lo que se vertía en el medio ambiente. Por el contrario, en el caso del material liberado a pesar de normas precisas, la responsabilidad es de las empresas «que hacen la vista gorda frente al destino de sus residuos». En fin, que se las arreglen las empresas encargadas de su eliminación.

El autor continuaba identificando tres fases históricas. En la primera, desde el inicio de la industrialización hasta casi 1980, los conocimientos científicos sobre los efectos de la contaminación tenían todavía muchas lagunas, lo que hacía imposible la redacción de leyes adecuadas. El mar se consideraba el vertedero ideal. Siendo tan grande como era, resultaba cómodo atribuirle una capacidad de evacuación ilimitada.

Tras la promulgación de normativas modernas (la ley Merli para la protección de las aguas de la contaminación en Italia es de 1976), hubo una fase intermedia de unos 10 años con dificultades para interpretarlas y retrasos en su aplicación, recurriendo en parte a derogaciones por la falta de alternativas ecológicas a las producciones en curso.

En la actualidad, por fortuna, estamos en la última fase. En caso de existir contaminación, «se debe en gran parte a comportamientos criminales o a eventos accidentales». Para evitar estos últimos solo hay un remedio: «cambiar los procesos y los productos». Por suerte, la situación en conjunto es la de los datos previamente expuestos, si bien tener los ojos bien abiertos nunca está de más.

En concreto es necesario abrirlos ante lo que ya ha sucedido y no debe volver a repetirse. En 2009 me gustó especialmente un fragmento de la cinta *Química más allá de los tópicos,* producida por la Federchimica. Era la primera vez que la federación tomaba la iniciativa para encarar la cuestión en el contexto de una obra destinada al gran público. Fue un gesto valiente y sincero; esperemos que no sea el último. Pese a la brevedad y a la necesaria generalidad, no se guardó silencio sobre la pesadilla que la mente de los italianos asocia a menudo a la palabra *química:* Seveso. Debido a su notoriedad, el desastre de Seveso –incendio de una planta química en dicho municipio italiano en 1976 que produjo la liberación accidental de sustancias contaminantes–adquirió un valor simbólico más allá de las gravísimas consecuencias reales, que probablemente no son las peores en la historia de la química italiana y menos aún del mundo.

Uno de los récords más tristes lo ostenta una fábrica química, la Union Carbide en Bhopal, en el estado indio de Madhya Pradesh. Una noche de diciembre de 1984 se produjo una fuga de 40 toneladas de isocianato de metilo ($H_3C-N=C=O$), alcanzando los barrios marginales que habían proliferado con los años en los alrededores de la fábrica. Este compuesto se genera en la síntesis de pesticidas para la agricultura. Reacciona de forma violenta con el agua, que sin saber cómo entró en el depósito y provocó el desastre. En 1990 Madhya Pradesh publicó una cifra oficial poco superior a 3800 muertos por edema pulmonar y graves patologías respiratorias. No existe un recuento exacto, preciso y fiable. El escritor francés Dominique Lapierre realizó una estimación basándose en el ir y venir de vehículos que aquel maldito diciembre transportaba cadáveres indocumentados a la sepultura en fosas comunes o al abandono en el río. Añadiendo los afectados que sobrevivieron, Lapierre escribe que la nube mortal entró en contacto con al menos medio millón de personas. En cualquier caso, las dimensiones de la tragedia no tienen parangón en la química mundial.

En Italia hemos tenido tumores malignos entre los trabajadores de las empresas de Porto Marghera, en Venecia, que producen PVC a partir de su monómero, el cloruro de vinilo ($H_2C=CHCl$). Hemos sufrido la contaminación grave y prolongada de Val Bormida, en los Apeninos entre Liguria y Piamonte. En la provincia de Siracusa, las grandes instalaciones de Priolo Gargallo han aumentado la renta media per cápita de la población, pero la situación sanitaria de la zona ha empeorado seriamente. Por desgracia, existen otras muchas historias de las que la química no puede sentirse orgullosa. Aquí os hablaré de Seveso, por la gravedad del incidente y porque conocí a un químico alemán relacionado de forma directa e importante con el caso.

En primer lugar, los hechos, brevemente. Meda, 20 kilómetros al norte del centro de Milán. A las 12.37 del sábado 10 de julio de 1976 la instalación de ICMESA vomitó sobre el terreno de Seveso, limítrofe con Meda, varias toneladas de sustancias nocivas, entre ellas varios kilos de un compuesto famoso desde entonces: la dioxina o, mejor dicho, una dioxina, la 2,3,7,8-tetracloro-dibenzo-*p*-dioxina (TCDD), una de las peores de este tipo de compuestos orgánicos clorados. Científicos y técnicos se han dedicado durante años a indagar en las causas. Recuerdo lo que decía en 1977 un químico italiano, profesor del Politécnico de Zúrich. Se trataba de Piero Pino, brazo derecho de Giulio Natta en la época de la gran aventura del polipropileno, sobre la que me detendré en el siguiente capítulo. El coloso suizo Givaudan-Hoffmann-La Roche, propietario de ICMESA, le había nombrado su perito. Pino contaba a sus colaboradores la conclusión a la que había llegado: se debió a una reacción anómala, que escapó a todos los controles porque el personal de la fábrica no había actuado de la forma debida. Sin duda una contribución a la verdad, pero no a toda la verdad. Técnicos y operarios crearon la ocasión para una tragedia que, como veremos, se había fraguado lentamente.

Han pasado muchos años y se debate si la gente contrajo o no, antes o después, enfermedades relacionadas con la contaminación. En 2009 un grupo de epidemiólogos milaneses dirigidos por Angela Cecilia Pesatori halló entre la población de las zonas expuestas una mayor incidencia de neoplasias linfáticas y hematopoyéticas (leucemias, linfomas y otros tumores de la sangre) y cáncer de mama. Intentando traducir en número de seres humanos las estadísticas publicadas por estos investigadores, calculo que quizá se podría culpar al incidente de 1976 de una docena de enfermos sobre un total de 154. He utilizado el condicional y el adverbio quizá, porque los autores advierten de que en determinadas categorías el total de casos es demasiado bajo y, por tanto, (digo yo) no permite relaciones de causa-efecto. Además, poseen intervalos de incertidumbre capaces de aumentar o disminuir el resultado hasta transformar un aumento de riesgo en un riesgo disminuido. Por tanto, la docena mencionada es un aumento solo probable, que podría ser más consistente o tener, por el contrario, un valor negativo, es decir, significar un menor riesgo respecto a las zonas no contaminadas. Sumando todos los tipos de tumor maligno, Pesatori y sus colegas no hallaron aumentos significativos.

Por otra parte, no son probables sino absolutamente ciertos los números de las víctimas en el breve periodo posterior a la contaminación. No obstante, no fueron víctimas de la industria química. En 1976 el aborto no se había legalizado todavía en Italia, pero en agosto, tras el desastre, el Gobierno de Giulio

Andreotti decidió autorizarlo basándose en la hipótesis de que la dioxina podría dañar el desarrollo de bebés en estado de gestación y así, unas 30 mujeres embarazadas fueron autorizadas a abortar. Solo muchos años después (y en segundo plano) circuló la noticia de que esos fetos no presentaban anomalías o malformaciones en una proporción mayor que la habitual. Cuatro años después del incidente se añadió una nueva víctima indirecta: un dirigente de ICMESA, el químico Paolo Paoletti, fue asesinado por terroristas de Prima Linea.

Por tanto, no fue la química la causante de un desastre, si bien provocó grave sufrimiento y malestar a mucha gente: miedo, cloracné (irritación de la piel provocada por compuestos del cloro), evacuación, zonas impracticables a largo plazo, actividades artesanales y profesionales suspendidas y damnificadas. Ha sido necesario mucho tiempo para reconstruir el incidente y responder a todas las preguntas. En septiembre de 2004 apareció en *La química y la industria* un artículo del alemán Jörg Sambeth, director técnico de Givaudan en el momento del desastre. Veintiocho años después del accidente publicó en Suiza el libro *Zwischenfall in Seveso (Contratiempo en Seveso)*, que contó en forma de novela una realidad de raíces profundas, una tragedia anunciada, como suele decirse.

En el artículo de *La química y la industria*, Sambeth explicaba que el incidente pudo haberse previsto y que culpar a la fatalidad no tenía sentido. Por su parte, había pasado muchos años reprochándose haber dado por buena la instalación de Meda, fiándose de la empresa de ingeniería que la había construido. Y ahora, precisamente en la publicación de la Sociedad Química Italiana, repartía críticas a la multinacional para la que trabajaba entonces.

En la fase de desarrollo del proceso, es decir, la de la ejecución industrial, «no se realizó una investigación digna de este nombre, ni siquiera documental. La dirección no tenía idea de los grandes y numerosos incidentes acaecidos anteriormente en ese tipo de producción», escribió en el artículo, y continuó así: «A comienzos de 1970 estaba disponible una relación técnica extremadamente crítica acerca de la seria situación del establecimiento ICMESA. ¿Por qué se esperó al desastre para tener en cuenta ese informe?». El grupo no tenía ninguna intención de invertir en la mejora de aquella fábrica, que desde el punto de vista económico era un peso muerto. ¡Bueno! Pues entonces se cerraba o se vendía. Sin embargo, se permitió que «siguiese adelante como un mutilado».

Toda la organización empresarial hacía aguas. No existía un organigrama que asignase las responsabilidades de los diferentes niveles al interno del grupo multinacional. Era una decisión insensata, pero una decisión de todas formas: los grandes cargos querían liberarse de intervenir en los pequeños detalles. Sambeth recordaba a uno de ellos que lo afirmaba de forma explícita. ¿Podía salir algo bueno de aquello? «Una estructura directiva similar tuvo sus consecuencias: errores en la proyección de la instalación, lagunas en la seguridad. Una cadena de mando caótica».

Por si fuera poco, los puestos directivos rotaban con frecuencia. Es fácil imaginar la política de cada nuevo administrador delegado, que iba por la vía rápida considerando que su predecesor se había equivocado en todo. Obligado a demostrar rápido que las cosas iban mucho mejor con él, buscaba aumentar las ventas de la forma que fuera y disminuir los gastos ahí donde fuera posible, aun siendo perjudicial. Así, se aplicaban recortes de personal y de manutención. ¿Inversión? Ni hablar; se eliminaron incluso las que ya estaban programadas. Y si las cuentas no mejoraban, despedido. El que entraba en su lugar comenzaba de nuevo aplicando criterios diferentes, abocando la tecnología a la confusión total, ya que la continuidad es esencial en la proyección de instalaciones químicas. Como consecuencia, la seguridad de ICMESA fue cada vez a peor.

¿Cuál debía de ser el estado de ánimo de técnicos y operarios? Desde luego, no podían sentirse motivados. El resultado fue la negligencia en el trabajo, dice Sambeth. En efecto, la crónica del incidente es un ejemplo. Era sábado por la mañana. A las cinco la instalación se paró y una hora después terminó el turno de trabajo. En la fábrica solo quedaba el personal de limpieza y manutención, si bien a las siete se registró una vez más la temperatura. El disco de seguridad, válvula de escape en caso de excesiva presión en el reactor, saltó a las 12.37 y el contenido se esparció en el aire con las consecuencias que ya conocemos. En definitiva, durante casi seis horas nadie fue a revisar que el apagado se estuviese produciendo de forma regular. Habría sido suficiente con mirar los termómetros para darse cuenta del aumento anómalo y progresivo de la temperatura. El desastre podía haberse evitado, como afirmó Piero Pino.

No obstante, como hemos visto, los errores no se cometieron todos aquel día. Las altas esferas del grupo, convencidas de que el jefe siempre tiene razón y de que la instalación de Meda era la mejor, habían decidido que todo siguiera adelante. Sambeth había escrito a la dirección de ICMESA para recomendar una serie de precauciones dado que cinco años antes un artículo de *Nature* examinaba las posibles causas de una explosión sucedida en una instalación similar en Gran Bretaña en 1968. No sirvió de nada.

El artículo escrito por él en 2004 me suscitó un gran interés. Invité al autor a Pisa. Asistió a la Escuela Normal, donde ofreció una gran conferencia en mayo de 2005. Aquel hombre de 73 años era un testimonio clave del triste suceso. Tenía el remordimiento de haber obedecido a sus superiores, que, tras el incidente, le prohibieron informar a las autoridades italianas sobre el hecho de que la nube tóxica contenía dioxina. Fueron los análisis químicos los que desvelaron su presencia, pero hicieron falta cuatro días para saberlo. Cuatro días perdidos para decidir qué medidas adoptar.

¿Qué sucedió dentro del maldito reactor durante aquella mañana de julio? Los químicos tienen alguna noción. El producto debería haber sido triclorofenol (para ser exactos, 2,4,5 triclorofenol), fungicida e intermedio en la síntesis de desinfectantes y defoliantes. Se partía, entre 140 °C y 160 °C, de 2 toneladas de 1,2,4,5-tetraclorobenceno, 1 tonelada de sosa cáustica (hidróxido de sodio, NaOH) y otras 3 toneladas de glicol de etileno (HOCH$_2$-CH$_2$OH). Este último actuaba como disolvente y es un líquido de uso común: por ejemplo, es un componente anticongelante en radiadores de automóviles. Además, se añadían 6 quintales de xileno (dimetilbenceno), que ayudaba a eliminar por destilación el agua que se formaba durante el proceso.

Se desconocen los grados alcanzados aquel día en la mezcla, probablemente 400 o 500. Según Paolo Cardillo y Alberto Girelli, de la estación experimental para combustibles (San Donato Milanese), y el francés Jean-Louis Gustin, mientras la mezcla se enfriaba, la temperatura era ya suficiente para hacer reaccionar el glicol con la sosa cáustica. Esta reacción inesperada y las que siguieron dieron lugar a hidrógeno gaseoso y mucho calor, generando la enorme presión que hizo saltar el disco de seguridad. Este tipo de reacción ha sido estudiada en profundidad por Franco Rivetti, del instituto de investigaciones industriales Guido Donegani de Novara, y por Ugo Romano, de ENI, quienes confirmaron la verosimilitud de esta hipótesis:

«La dependencia sensiblemente elevada de los fenómenos de las características de la mezcla y de la modalidad de operación hace que el sistema pueda desembocar con facilidad [...] en una aceleración violenta de la descomposición con incrementos rápidos y drásticos de la temperatura».

En las insólitas condiciones que las indeseadas reacciones provocaron, se formó una gran cantidad de dioxina. En realidad, esta se hallaba siempre presente como subproducto junto con el triclorofenol, pero en dosis mucho más pequeñas.

El verano de 1976 puede considerarse un punto de inflexión para la reputación de la química en Italia. Si antes había sido idolatrada durante años como motor del progreso, después de Seveso cayó de su pedestal. Fue un derrumbe estrepitoso, del que la sociedad italiana paga todavía las consecuencias. La consideración de la química pasó de un extremo a otro, de ángel a demonio. Si queremos conseguir por fin una imagen equilibrada, los químicos debemos ser los primeros en afrontar las responsabilidades pasadas, con la industria a la cabeza y no a remolque, bien porque profundizando en el estudio reducimos el riesgo de volver a caer también nosotros, bien porque no existe otra forma de ser creíbles.

XX
¿CÓMO HACÍAMOS CUANDO NO EXISTÍA?

La química no puede olvidar el pasado. Al revés, debe estar alerta; de lo contrario, podría volver a suceder. No obstante, tenemos el deber de evitar también el error contrario. Dar importancia solo a viejos fantasmas sería otra forma de perjudicar a la sociedad. Porque en el último siglo la química aplicada no solo ha traído desgracias al mundo, sino muchos productos de gran utilidad, hoy en día insustituibles. Hablo también por el ambiente: sin el plástico, por ejemplo, el mundo habría progresado con mucha dificultad. Por añadidura, habría tenido que talar muchos más árboles y extraer muchos más millones de toneladas de metales.

¡Ajá! Pensará alguno. Qué listillo el autor, que nos dora la píldora, justo como la industria que hoy se viste de verde con el plástico reciclado y las bolsas biodegradables. En absoluto. No sabéis cuántas bendiciones mando a la ministra que eliminó las viejas bolsas de plástico cada vez que voy a hacer la compra. Las nuevas y milagrosas bolsas de plástico ecológicas se me rompen en la mano, haciendo rodar las botellas de cerveza y los botes de mermelada. En vez de impulsar la adopción de esta estupenda novedad, los ambientalistas deberían insistir para que los maleducados que tiran las bolsas en el campo o en el mar recibiesen una buena multa.

Fijaos en la fantástica ley Sirchia sobre el humo: se respeta casi en todas partes y las diferencias respecto a los tiempos en que la ley no existía son enormes y evidentes. Se podría persuadir así también a los que dejan el plástico en el medio ambiente. Además, sería necesario ir al detalle de esta dichosa biodegradabilidad antes de aplaudir el plástico degradado por microrganismos en el ambiente (auténtica biodegradabilidad) o por los rayos ultravioleta del sol (fotodegradabilidad).

Es necesario conocer el destino de cada tipo de material de forma individual. Puede ser que las macromoléculas (moléculas «gigantes» a escala atómica) se degraden a moléculas no solo más pequeñas, sino también más inocuas. Pero no siempre es así. En el ambiente, algunos polímeros se transforman en sustancias nocivas que desaparecen de la vista porque no son sólidos como sus predecesores. ¿Nos vamos a conformar con eso, como quien mete la suciedad debajo de la alfombra? Parece llegar algo de claridad mientras reviso el borrador de este libro: nuevas normas favorecen el plástico que al degradarse se transforma en productos aptos para los terrenos agrícolas. El marco legal está evolucionando. Veremos.

Sobre el reciclaje mis ideas tampoco están a la moda. Estoy a favor de la separación de residuos, pero considero el reciclaje válido solo para el aluminio. Producir este metal a partir del aluminio (Al_2O_3) y la criolita (Na_3AlF_6) por electrolisis a casi 1000 °C consume una gran cantidad de energía eléctrica: por cada kilo de aluminio producido son necesarios cerca de 20 kWh, los mismos que 20 lavadoras en la fase de calentamiento del agua. Por tanto, puede convenir reciclar el aluminio si la purificación del residuo antes de la fusión no es demasiado costosa en todos los sentidos. De esta forma, se ahorra la energía necesaria para la reducción (ver Capítulo III: Una larga historia de casi tres siglos) del estado de oxidación +3 del metal en ambos compuestos iniciales al estado de oxidación cero (aluminio puro). En resumen: fundiendo los residuos, en condiciones ideales se puede llegar a producir nuevo aluminio solo con el 5 % de la energía necesaria para extraerlo de los minerales. Pero si apoyo la separación de residuos en general, no solo los de aluminio, es porque en mi opinión, aparte del aluminio y unos pocos minerales más, el corazón de la eliminación de residuos deberían ser las incineradoras. Pero entonces, ¿qué más da separar? No da igual. Mantener la combustión en una incineradora requiere consumos eléctricos diferentes según el material. El papel arde con facilidad, es más, tras la ignición genera calor, es decir, energía que puede reutilizarse. Lo mismo para el plástico. El vidrio, sin embargo, no arde; por tanto, si se mezcla con residuos de otro material, sustrae la energía útil para mantener la combustión o para reutilizar como producto. Por esto es bueno separarlo del resto.

Papel y plástico podría tirarse en el mismo sitio si los cálculos de los ingenieros así lo confirmasen. La recogida de residuos tendría menos complicaciones inútiles, que por desgracia inducen a la gente a buscarse la vida de otra manera. No sé en vuestra ciudad, pero en la mía tenemos que distinguir entre varios tipos de plástico y tirar algunos al cubo de los residuos generales. A veces tengo dificultades para comprender si el objeto que quiero tirar es de PET, PVC o poliestireno no expandido y, por tanto, meterlo o no en el contenedor del plástico que vete tú a saber si realmente después se recicla… Imagino a todas las personas que no saben nada en absoluto de química. Sin embargo, con la incineración no se daría este problema.

He utilizado el ejemplo del plástico por representar un innegable beneficio aportado por la industria química. Su historia es, en realidad, más larga de lo que parece. Si los grandes avances del siglo XX van unidos al desarrollo de la petroquímica, el hombre ha utilizado desde la antigüedad los materiales plásticos, es decir, maleables, de los que disponía: resina de pino y otras coníferas, cera de abeja, ámbar, grasa animal, betún, brea, goma laca segregada por un insecto hemíptero indio *(Laccifer lacca)*, gutapercha del árbol malasio *Palaquium oblongifolium*, goma natural (caucho, del árbol euforbiáceo *Hevea brasiliensis*). Estas dos últimas ya las vimos en el Capítulo XVI (Bio). Además, se utilizaban cuernos y caparazones de tortuga moldeados con calor. Hasta hace medio siglo todavía se fabricaban con ellos peines, botones, hebillas y estuches. La capa aislante del primer cable telegráfico submarino, instalado en el canal de la Mancha en 1851, se fabricó con gutapercha. Este material se seguía utilizando para fines similares hasta el estallido de la Segunda Guerra Mundial. En su lugar comenzó a emplearse la quinilla, otro conocido nuestro. Se obtenía del árbol *Mimusops balata* de la Guayana y las Antillas, y todavía hoy, quizá en forma sintética, sirve para el revestimiento de las pelotas de golf.

El betún, cuenta la Biblia, sirvió a Noé para calentar el arca. Por tanto, sabemos que ya se utilizaba hace casi 3000 años, es decir, cuando tomaba forma el relato del diluvio que ha llegado hasta nuestros días. El caucho, bajo el nombre de látex, que evoca su origen, sigue siendo utilizado para guantes quirúrgicos y catéteres. La primera noticia de su uso proviene del segundo viaje transoceánico de Cristóbal Colón (1493), que observó a los indígenas de la isla La Española jugar con una pelota hecha de ese material, tal y como relató un siglo después Antonio de Herrera y Tordesillas, historiador de Felipe II. A finales del siglo XIX, Thomas Alva Edison revistió de goma laca los cilindros de su fonógrafo.

Tras la gran revolución química iniciada por Antoine-Laurent de Lavoisier hacia el tercer cuarto del siglo XVIII, el siglo XIX vio una fuerte expansión de esta ciencia. Comenzaron a estudiarse los polímeros naturales. El inventor de la palabra *polímero* fue el sueco Jöns Jacob Berzelius en 1827, uniendo fragmentos griegos (*polýs* y *meros*, «muchas partes»). El primer plástico sintético fue el PVC, obtenido de forma casual poco después de 1835. Pero no fue hasta un siglo después cuando comenzó a tener interés práctico. Primero se utilizaron plásticos semisintéticos, como el caucho vulcanizado, que también hemos visto. El almidón es un polímero natural, presente en las patatas, el grano, el trigo, el maíz, el arroz, y abundante en sus harinas. Está compuesto por muchas unidades de glucosa, que constituye, por tanto, el monómero. En 1832 el francés Henri Braconnot lo trató con la llamada *nitración*, mezcla de ácido nítrico y sulfúrico concentrados. Obtuvo la xiloidina (del griego, «parecido a la madera»). En 1838, su compatriota Théophile-Jule Pelouze nitró la celulosa, otro polímero natural de la glucosa. Este último trabajo fue perfeccionado por los alemanes Rudolf Christian Böttger y Christian Friedrich Schönbein. Ambos continuaron de forma independiente por el camino de los plásticos semisintéticos y prepararon una celulosa muy nitrada, que explotaba fácilmente. Con los nombres de piroxilina y fulmicotón (en inglés, *guncotton*, «algodón de fusil») triunfó durante largo tiempo como explosivo. Este tipo de materiales se denominan a menudo *nitrocelulosa*, dando una idea equivocada de su estructura química. Se debería hablar de nitrato de celulosa, ya que se extraen del ácido nítrico (nitratos). Los grupos nitros están unidos a la cadena de polímero mediante un átomo de oxígeno ($-ONO_2$), mientras en los nitroderivados hay grupos $-NO_2$ unidos a la estructura orgánica a través del nitrógeno (un ejemplo es el nitrobenceno, C_6H_5-NO2, que en su estructura molecular contiene un enlace C-N).

Disuelto en una mezcla alcohol-éter, en la segunda mitad del siglo XIX el nitrato de celulosa se denominaba *colodión*. Se aplicaba en las heridas, y una vez evaporado el disolvente, quedaba una película protectora, antecesora de las actuales tiritas en aerosol. En él se inspiró el inglés Alexander Parkes, que durante la Exposición Universal de Londres de 1862 quiso lanzar la parkesina. Utilizaba una celulosa poco nitrada para que no explotase, la disolvía en poquísimo disolvente y añadía alcanfor para hacerlo todo más blando. Finalmente, introduciéndola caliente en moldes, hacía con ello objetos de diverso tipo. Cuatro años después fundó una empresa, pero pronto fracasó. En 1869, Daniel Spill, antiguo socio de Parkes, fundó otra compañía para producir un plástico similar que llamó xilonita (del griego *xylon*, «madera»). También fracasó, pero insistió y fundó una nueva empresa.

Al otro lado del Atlántico, también el estadounidense John Wesley Hyatt había comenzado a experimentar con el nitrato de celulosa. Quiso optar al premio de 10 000 dólares que ofrecía un fabricante de bolas de billar a quien hallara un material capaz de sustituir el marfil en su producción. Ya en la segunda mitad del siglo XIX había un fuerte movimiento de opinión en contra del exterminio de los elefantes, si bien los cuernos se conseguían en parte de los animales muertos de forma natural. El inventor consiguió fabricar buenas bolas de billar con goma laca reforzada con fibra vegetal y revestidas con colodión. El premio nunca se adjudicó, pero fundó la Hyatt Billiard Ball Company y continuó las investigaciones. También recurrió al alcanfor en el nitrato de celulosa y en 1870 patentó un material que, por sugerencia de su hermano Isaiah, denominó *celuloide*. El éxito llegó y creció sobre todo cuando George Eastman, fundador de la Eastman Kodak Company, comenzó a fabricar películas fotográficas de celuloide. Empezaba así la era del plástico, pero no creáis que todo sucedió sin sobresaltos. Spill denunció a la empresa de Hyatt. Los tribunales sentenciaron que la idea del alcanfor pertenecía a Parks, por lo que el celuloide no usurpaba nada a la xilonita. Como es habitual en las disputas legales en torno a intereses económicos, las dos partes consideraron conveniente llegar a un acuerdo. En Gran Bretaña, ambas fundaron British Xylonite, posteriormente BXL Plastics. En ella trabajó hacia la mitad del siglo pasado una joven que había estudiado química en Oxford. Se trataba de Margaret Hilda Roberts, nombre que seguramente no os dice nada. Pero si añado que después de su matrimonio su apellido se convirtió en Thatcher, reconoceréis de inmediato a la Dama de Hierro.

El celuloide tenía un gran inconveniente: era altamente inflamable. Cuando yo era niño, me divertía quemando viejas películas. ¿Quién no ha hecho tonterías de joven? Por suerte, hace tiempo que las películas inflamables han sido reemplazadas. Se sigue llamando celuloide a la industria cinematográfica, pero no por mucho quizá, visto el avance de las películas digitales. Fue el alemán Arthur Eichengrün, entonces trabajador de Bayer, donde por cierto había desempeñado un importante papel en la síntesis de la aspirina, quien halló un sustituto para el celuloide en 1903. Eichengrün sintetizó el acetato de celulosa, que más tarde, hacia 1940, abrió el camino a las películas de seguridad.

También tuvo éxito la galactita (nombre originario: *lactoform*), inventada en 1897 por un comerciante suizo, Friedrich Adolph Spitteler. En colaboración con el industrial alemán Wilhelm Krische, Spittler trató con formol la caseína aislada con la cuajada de la leche. El primer polímero completamente sintético que entró en uso fue la baquelita, fabricada en 1909 por Leo Hendrik Baekeland, químico belga trasferido a Estados Unidos, haciendo reaccionar fenol (C_6H_5-OH) y formol ($H_2C=O$). Más tarde, por analogía, se crearon las resinas ureicas, con urea en lugar de fenol. Su producción, de brillantes colores, comenzó en 1935. En aquella época también el PVC se acababa de convertir en un producto comercial.

Mientras tanto, había nacido la petroquímica, que proporcionaba, a partir del petróleo, materias primas antes completamente inimaginables. Estados Unidos tenía abundancia de petróleo, pero también tecnología punta y un mercado vastísimo, que creció todavía más (y casi de golpe) por las necesidades militares durante la Segunda Guerra Mundial. La industria americana estaba estableciendo lazos secretos con la investigación universitaria, tal y como demuestra el caso Wallace Hume Carothers, joven y brillante investigador de Harvard, además de persona deprimida e infeliz que se suicidó en torno a los 40 años con un frasco de cianuro que guardaba desde sus tiempos de estudiante. Cuando tenía 32 años vaciló ante una oferta de generoso sueldo y enormes posibilidades de investigación que le hizo el coloso industrial DuPont. Al final, consiguieron convencerle con una carta que decía así: «Estamos seguros de que sabrá seleccionar los problemas dignos de ser estudiados. Lo decimos desde el punto de vista científico y no económico. Por tanto, le damos libertad para decidir en qué quiere trabajar».

Así, el genio pudo alternar entre cuestiones teóricas y aplicadas. Hasta entonces, muchos químicos pensaban que los polímeros eran en realidad simples agregados de moléculas de dimensiones normales. Sin embargo, Carothers demostró que estaban constituidos por macromoléculas, largas cadenas de monómeros unidas por enlaces covalentes. De no haber tenido aquel trágico final, es muy probable que hubiese conseguido un premio Nobel. Sí lo recibió su colaborador Paul John Flory. Como químico industrial, Carothers nos dejó dos grandes inventos. El primero, en orden cronológico, fue el neopreno, goma todavía en uso para suelas de zapatos y trajes submarinistas. Después, el nailon, que fundó la familia de las poliamidas, materia plástica pero también fibra textil.

Más adelante nos detendremos en otro científico de DuPont. Ahora me gustaría centrarme en la investigación italiana. Hubo un premio Nobel en 1963, Giulio Natta, pero la historia es larga y arranca en 1935. Hasta entonces no se creía posible polimerizar los alquenos, llamados también *olefinas*, es decir, hidrocarburos que contienen un doble enlace de dos átomos de carbono. Los científicos de Imperial Chemical Industries (ICI), en Gran Bretaña, hallaron una forma de hacerlo con el más sencillo, el etileno ($H_2C=CH_2$), e iniciaron su producción en 1939, si bien el proceso era muy costoso. Requería reactores de láminas muy gruesas, ya que se alcanzaban las 1500 atmósferas y consumían mucha energía por las altas temperaturas necesarias. No obstante, el mundo se hallaba inmerso en un ingente conflicto y el polietileno prometía de cara al aislamiento de cables eléctricos y radares.

A continuación, el alemán Karl Waldemar Ziegler introdujo catalizadores capaces de acelerar la polimerización, haciéndola posible a una temperatura y presión más moderada. Lo descubrió casualmente mientras estudiaba el efecto del alquilo-aluminio (AlR_3, donde R representa un grupo orgánico denominado *alquilo*). No estaba consiguiendo gran cosa hasta que un día, en uno de los robustos recipientes de acero (autoclaves) en los que realizaba sus experimentos, halló el polietileno. Los autoclaves se lavaban con ácidos, y Ziegler imaginó, correctamente, que el milagro se debía a algún metal que los ácidos habían extraído de su aleación, permaneciendo algunos de sus iones tras el aclarado. Con metodología teutónica, encargó a su numeroso equipo probar composiciones de todos los metales presentes en el acero de los autoclaves. El mejor catalizador resultó a base de titanio con un alquilo-aluminio. De esta forma, gracias a Ziegler, fabricar polietileno se convirtió de golpe en algo mucho más simple y económico.

La empresa italiana Montecatini había establecido un acuerdo con Ziegler para ser informada de sus investigaciones y enviar jóvenes químicos a adquirir experiencia en aquel sector naciente. Con Montecatini colaboraba también Natta, profesor del Politécnico de Milán. La clarividencia de Piero Giustiniani, administrador delegado de la empresa, al apoyar con tesón el trabajo de este científico resultó ser una carta ganadora. Uno de los colegas de Natta, Ferdinando Danusso, contó después que Ziegler probó en vano su catalizador con propileno, olefina y tres átomos de carbono (H_3C-CH=CH_2). Natta quiso probar también y, de nuevo, por segunda vez, la casualidad entró de forma prepotente en esta historia.

En 1977 yo trabajaba en Montedison, fusionada con Montecatini 11 años antes, y me enviaron a hacer prácticas a Zúrich con quien había sido el brazo derecho de Natta, Piero Pino, a quien ya me he referido. Recuerdo que durante una lección contó la siguiente anécdota a los estudiantes del Politécnico Federal Suizo. En 1954, junto con sus colegas, realizó un experimento con el único objetivo de complacer a su jefe. ¿Qué esperanza había? El potente equipo alemán había fracasado, así que era tiempo perdido. Con el fin de no perder más, no se entretuvieron preparando el alquilo-aluminio, del que tenían restos que iban a tirar. En efecto, este compuesto es extremadamente reactivo con el oxígeno, la humedad, el dióxido de carbono, etc. De hecho, al aire se inflama, por lo que, tanto por seguridad como para evitar su oxidación u otras alteraciones posibles, al recoger las muestras, el recipiente debe abrirse en nitrógeno puro, que impide entrar al aire. Pero cada vez que se abre, el contenido restante se va estropeando.

A una parte de esos restos añadieron en el autoclave el disolvente y una sal de titanio. Finalmente se aplicó presión con el propileno, que es un gas. Tras realizar el experimento en las condiciones habituales, abrieron de nuevo el autoclave dispuestos a tirar el contenido y a escribir «nada» en el cuaderno de laboratorio. Pero, ¡canastos!, estaba lleno de polímero. Gran emoción, entusiasmo, confianza. Intentaron de nuevo con el alquilo-aluminio fresco y obtuvieron el mismo resultado que Ziegler, es decir, ninguna polimerización. ¿El secreto? Hicieron un tercer intento, de nuevo con el alquilo-aluminio fresco, pero en pequeñas dosis y obtuvieron otra vez el polipropileno. La suerte quiso que, en el experimento inicial realizado para salir del paso, hubiese poca cantidad de aquella sustancia: la mayor parte era ya material inerte. Por lo visto, para polimerizar el propileno, sí era necesario alquilo-aluminio, pero solo una pequeña pizca.

Y ahora, ¿qué hacemos con Ziegler?, se preguntaron Natta y Montecatini. El polipropileno lo hemos conseguido nosotros, mejor no compartirlo, pensaron. Decidieron preguntar al alemán qué habría hecho si una de las empresas que colaboraba con él hubiese tenido éxito polimerizando olefinas diferentes del etileno. La respuesta fue categórica: *Unmöglich!* («¡Imposible!»). Montecatini se sintió liberada y patentó el polipropileno en Italia. En los primeros años el nombre comercial fue Moplen.

A Ziegler no le hizo ninguna gracia. Antes de registrar la patente en el extranjero, Montecatini decidió cederle una tercera parte de la propiedad. Aceptó el beneficio, pero quedó ofendido. Se cuenta que cuando compartió el Nobel con Natta en 1963 hubo una gran frialdad entre ambos científicos. Fue sin duda un aspecto desagradable de la historia, que representa, sin embargo, una página de oro para la química italiana. Se trata de su único premio Nobel, merecido no solo por ese descubrimiento más o menos casual, sino por todos los estudios sucesivos acerca de la estructura y propiedades de las poliolefinas. Un gran trabajo, precisamente de Nobel, financiado por una empresa privada, Montecatini, que ofreció a Natta grandes sumas de dinero para poder investigar y le otorgó una libertad comparable al caso DuPont-Carothers. Debería dar qué pensar, no solo a los industriales de cortas miras. También a los académicos que ponen el grito en el cielo cuando alguien aboga por estrechar lazos entre la universidad y la industria.

XXI
LA EDAD DEL HIERRO
NO HA TERMINADO

Corrían los tiempos del éxodo narrado en la Biblia, en que los judíos guiados por Moisés abandonaban Egipto hacia la tierra prometida, allá por el año 1200 a. C. Siglo más, siglo menos, fue entonces cuando el ser humano comenzó a hacer uso del hierro extraído de los minerales. Obviamente, la tecnología ha cambiado mucho a lo largo de más de 3000 años, pero las reacciones químicas de base han permanecido sustancialmente inalteradas. La mayor diferencia es que ahora las conocemos, mientras nuestros predecesores actuaban de forma empírica.

Si alguno de vosotros ha disfrutado el esplendor de la isla de Elba, podrá imaginar lo bella que debía de ser en la antigüedad, cuando todavía era salvaje y verde de encinas y pinos. Sus cualidades no eran solo las paisajísticas y estéticas que únicamente algunos ricos podían disfrutar. Poseía además importantes recursos para el desarrollo de la sociedad. Fueron los etruscos los primeros en socavar el ambiente de la isla, construyendo minas y deforestando. Necesitaban grandes cantidades de madera, en parte para las estructuras de apoyo de las galerías que cavaban y sobre todo para hacer carbón, reactivo fundamental en sus prácticas siderúrgicas. El hierro en estado metálico es raro en la naturaleza debido a su gran tendencia a oxidarse. Por tanto, gracias al carbón, se obtiene de los minerales que lo contienen.

En la prehistoria los humanos conseguían construir pequeños objetos de este metal solo cuando encontraba meteoritos en los que se hallaba. En la actualidad sabemos que existen masas compactas de hierro en Groenlandia encerradas en rocas que las han aislado del aire y del agua. En los demás casos, es necesaria la química. Los etruscos de la isla de Elba encontraron una gran variedad de minerales de hierro: hematita (óxido férrico, Fe_2O_3), limonita (óxido-hidróxido férrico, OFeOH), magnetita (óxido ferroso-férrico Fe_3O_4), pirita (disulfuro ferroso, FeS_2; contiene el ion disulfuro, S_2^{-2}, con un enlace covalente azufre-azufre), siderita (carbonato ferroso, $FeCO_3$). Los cristales gris-hierro de hematita son muy utilizados en joyería. La magnetita, como su propio nombre indica, es una calamita natural. Precisamente uno de sus yacimientos dio nombre al Monte Calamita, cumbre del promontorio sudoriental de la isla. La diferencia entre *férrico* y *ferroso* reside en el estado de oxidación del elemento hierro: +2 si se encuentra en forma de iones ferrosos (Fe^{+2}); +3, en los férricos (Fe^{+3}). En la magnetita están presentes ambos tipos: para contrarrestar las cargas de cuatro iones óxido O^{-2} (ocho cargas negativas en total), dos iones férricos y uno ferroso suman ocho cargas negativas (3 + 3 + 2 = 8).

Ya en la Edad del Bronce los humanos habían aprendido que el carbón permite aislar algunos metales de sus minerales. Después lo intentaron con el hierro, y la idea funcionó. Actualmente se utiliza el coque, que se obtiene del carbón fósil calentado a unos 1300 °C. En esas condiciones se elimina el «gas de coquería», mezcla combustible aprovechada para producir calor en las acerías. La operación es análoga a la antigua destilación seca. Se separan el alquitrán y algunos subproductos (entre otros, benceno, también llamado *benzol*, y naftalina).

Los etruscos tenían que conformarse con el carbón de leña, que producían en grandes cantidades carbonizando los árboles de la isla. Los romanos tomaron el relevo, continuando con la deforestación para procurarse hierro. Al igual que en un alto horno moderno, los pequeños hornos antiguos llevaban a elevadas temperaturas los minerales y el carbón en estratos superpuestos y alternados. El fuego se encendía en la parte baja. La primera reacción era una combustión del carbón con poco aire, precisamente porque encima había un estrato de mineral. Así, el producto principal era monóxido de carbono (CO). El estado de oxidación del carbono pasaba de 0 a +2, pero al combinarse con el oxígeno este elemento tiende a alcanzar +4. Esto sucede cuando el gas CO caliente, al subir, se encuentra con el mineral, oxidándose a dióxido (CO_2) gracias al oxígeno que le arrebata, mientras cede electrones a los iones hierro que se reducen a metal. Este, fundido por la alta temperatura, se alea con un poco de carbono extraído del carbón residuo. Una aleación de este tipo se obtiene en los altos hornos actuales y se denomina *hierro fundido*. Puede contener hasta un 5% de carbono, llevándolo después la acería por debajo del 2%.

En los altos hornos, el gas dióxido de carbono producido en la reducción del primer estrato del mineral se desplaza hacia arriba y se encuentra con un nuevo estrato de carbón (coque). Con el calor, se produce una trasferencia de electrones del carbón al gas. Los estados de oxidación se uniforman: de 0 (carbón) y +4 (dióxido) a +2 para todo el carbono. Se forma de nuevo monóxido dispuesto a oxidarse otra vez reduciendo un nuevo estrato de mineral. Así sucesivamente en un proceso continuo, porque debajo el carbón arde y el hierro fundido se derrite hacia abajo, mientras desde arriba se carga sin descanso el alto horno alternando mineral y coque.

En las acerías se aplican diversos procesos con el mencionado objetivo de disminuir el contenido de carbono, transformando el hierro fundido en acero. Citaré uno. En el interior de enormes crisoles, el hierro fundido se derrite junto a restos de hierro. De esta forma, el carbono se diluye, pero el efecto aumenta por una reacción química. Los restos contienen herrumbre, que es un óxido férrico hidrogenado ($Fe_2O_3 \cdot xH_2O$, donde x es un número decimal variable). Con el calor, el carbono del hierro fundido reduce la herrumbre a hierro metálico, oxidándose a dióxido de carbono, que desaparece.

El sector del hierro es sin duda alguna el más grande de toda la industria metalúrgica. El 90% de los minerales metalíferos extraídos de la corteza terrestre sirven para su producción. De hecho, en 2005 el hierro producido en el mundo alcanzó casi las 840 millones de toneladas. La actividad iniciada por los obreros en tiempos de Moisés, que en realidad eran químicos sin siquiera saberlo, constituye un capítulo de gran importancia en la economía mundial, clave en la vida de la humanidad. Por desgracia, supone además una considerable fuente de contaminación. Dado que hoy en día no podemos prescindir de las aleaciones de hierro, he aquí otro desafío para ingenieros y químicos. Si la Edad del Hierro no ha terminado ni lo hará a corto plazo, este aspecto es y será cada vez más primordial.

XXII
MÁS ALLÁ DE LA LIGEREZA

Un Boeing 747, conocido como *Jumbo*, puede llegar a transportar más de 500 pasajeros en algunos de sus modelos. Un auténtico gigante de los cielos. Vacío pesa casi 180 toneladas, dos y media por cada metro de longitud. Imaginaos cuánto pesaría si no existieran el aluminio y sus aleaciones. Un avión de acero tendría un peso inadmisible, puesto que la densidad del acero casi triplica a la del aluminio. Las aplicaciones relacionadas con la ligereza de este metal son innumerables en los medios de transporte, aunque no sea necesario volar, ya que un vehículo ligero consume menos carburante.

Por otra parte, encontramos aluminio en las latas de bebidas y en la cocina, desde las sartenes hasta el papel para envolver alimentos. En la construcción los cerramientos de aluminio están muy extendidos, si bien algo pasados de moda. Los mástiles de los barcos de vela, los bastones de los esquiadores, los telescopios, el estrato del CD que refleja el rayo láser del lector (y que un bulo, infundado pero muy creído, lo consideraba eficaz contra los radares de velocidad), las láminas para dispersar el calor de las CPU (los «cerebros» de los ordenadores), algunas monedas, el polvo que da brillo a los barnices metalizados: todo ello es a base de aluminio.

Existe además un método de soldadura llamado *aluminotermia*. Lo patentó el químico alemán Johannes Wilhelm Goldschmidt en 1895 y cuatro años después encontró su primera aplicación práctica en la unión de raíles de las líneas ferroviarias de Essen. Una mezcla de aluminio y óxido férrico (Fe_2O_3; ver Capítulo XXI: La edad del hierro no ha terminado) en forma de polvo se introduce entre dos piezas a soldar y se aplica calor. Al reaccionar, produce mucho calor. El aluminio se oxida mientras el hierro del óxido se reduce a metal, que se forma en estado líquido por la elevada temperatura. Un inicio de fusión también se produce en la superficie de los dos objetos a unir, consiguiendo así la soldadura.

Estos son algunos motivos por los que, aún lejos de los niveles del hierro, se producen en torno a 40 millones de toneladas anuales de aluminio en el mundo. Se parte de la alúmina, Al_2O_3, obtenida de la materia prima, que por lo general es la bauxita, roca que toma el nombre de la localidad provenzal Les Baux. La componen una mezcla de diversos minerales de aluminio: el hidróxido gibbsita $Al(OH)_3$; los óxidos-hidróxidos bohemita y diásporo, dos formas cristalinas correspondientes a la fórmula OAlOH; silicato caolinita y componentes menores, entre los cuales hay óxidos de hierro, que le proporcionan un ligero color rojizo.

En 1887 Carl Josef Bayer, químico austriaco nacido en Polonia que trabajaba en San Petersburgo (Rusia), inventó el proceso, empleado todavía hoy, para obtener aluminio de la bauxita. Se apoya en el hecho de que el óxido y el hidróxido de aluminio no se comportan de forma neta, como lo hacen en el sodio, potasio o calcio, sino que son ambiguos. La jerga química contiene la palabra *anfótero*, del término griego que significa «lo uno y lo otro». Solo en ciertas condiciones el hidróxido de aluminio se comporta como base y reacciona con los ácidos, tal y como hacen los mencionados metales sodio, potasio y calcio. Pero también puede comportarse como ácido y reaccionar con las bases, de la misma forma que los óxidos de los no metales como el nitrógeno y el azufre. Lo mismo sucede con el óxido de aluminio.

El proceso de Bayer aprovecha esta última tendencia. Una vez molida, la bauxita se introduce en un reactor resistente a las altas presiones (autoclave), en el que una solución acuosa con una fuerte base de hidróxido de sodio (sosa cáustica) puede alcanzar los 180 °C. Como sabéis, solo cuando se somete a altas presiones el agua puede hervir a más de 100 °C. En realidad, al no ser pura ya aumenta su punto de ebullición, si bien si está a 1 atmósfera no alcanza los 180 °C. Por tanto, es necesaria una presión elevada. La solución básica sometida a calor transforma los compuestos de aluminio en aluminato de sodio $NaAl(OH)_4$, que es soluble. De las impurezas restantes, solo las silíceas pasan a la solución básica, mientras las demás se mantienen sólidas y se separan. A continuación, diluyéndolo con agua, el aluminato se transforma en hidróxido $Al(OH)_3$. Una vez enfriada la solución, este precipita, es decir, se solidifica y se separa, mientras los compuestos de silicio se mantienen en la solución. El sólido se seca y se calcina, o sea, se sobrecalienta en seco. Cerca de los 1000 °C produce vapor de agua y se transforma en Al_2O_3, es decir, en alúmina, libre de las impurezas presentes en la bauxita original.

Como ya sabéis, el metal se obtiene de la alúmina por electrólisis. El proceso consiste en la combinación de los métodos desarrollados en 1886 de forma independiente por el químico americano Charles Martin Hall y el inventor francés Paul Louis-Toussaint Héroult. Se trabaja a algo menos de 1000 °C con una solución de alúmina en criolita fundida (Na_3AlF_6 licuado). Si no se mezclasen estas dos sustancias, la alúmina se fundiría a más de 2000 °C, y la criolita, a 1012 °C. Al contener la segunda un poco de la primera, su punto de fusión disminuye, en la misma línea que la sal que deshiela las carreteras, como vimos en el Capítulo IX (Sal en la carretera).

El electrodo negativo (cátodo) proporciona electrones a los iones aluminio Al^{+3}. Estos se reducen a metal, que a 1000 °C es líquido y se estratifica en el fondo. ¿Qué sucede con el electrodo positivo (ánodo)? El generador de corriente eléctrica no crea electrones, solo los hace girar. Para poder introducir, como acabamos de ver, una determinada cantidad en la celda electrolítica a través del cátodo debe sustraer al mismo tiempo otros tantos a través del ánodo. Este está hecho de coque (ver Capítulo XXI: La edad del hierro no ha terminado), material conductor que no se funde (se mantiene sólido a más de 3600 °C). Atraídos los iones óxido O^{-2}, se oxidan en su presencia, cediendo electrones al generador. El carbono del coque oxidado y los iones óxido se combinan entre ellos, dando lugar a dióxido de carbono (CO_2). Una vez que pasan a formar parte de las moléculas de este gas, lo que antes eran iones óxido han dejado de serlo. En las moléculas CO_2 se dan enlaces carbono-oxígeno de tipo covalente, aunque polarizados: los átomos de oxígeno, el más electronegativo de los dos elementos, tienen cargas negativas parciales, mientras los del carbono tienen cargas positivas parciales. No se trata de cargas completas, como en los iones. Son pequeñas cargas debido a que los electrones, pese a pertenecer a los dos átomos enlazados, pasan más tiempo cerca de uno que de otro, tal y como vimos con la queratina del pelo.

Volviendo al proceso Hall-Héroult, el aluminio fundido se trasvasa a moldes para lingotes. Puesto que sus propiedades mecánicas son más bien deficientes, se utiliza por lo general en aleación. Algunas aleaciones de aluminio con cinc, cobre y magnesio pueden igualar al acero en resistencia pese a ser mucho más ligeras.

El aluminio posee otras cualidades más allá de la ligereza, entre ellas, la resistencia a la corrosión. Esta resulta inesperada, puesto que su tendencia a oxidarse es muy alta, mucho más que el cinc y el hierro, por no hablar del cobre, mercurio, plata y oro. La comparación con el hierro es especialmente desconcertante, sabéis muy bien lo rápido que se oxidan los objetos hechos de este metal, llegando en algunos casos a resquebrajarse. El hecho es que el óxido de hierro es poroso y escamoso, permeable al oxígeno y a la humedad. Por su parte, el óxido de aluminio forma un estrato compacto, que aísla el metal del avance de la oxidación.

A menudo se añade un sutil estrato de óxido a las manufacturas como protección preventiva, que además absorbe bien un posible barnizado. Es el llamado *aluminio anodizado*. El objeto funciona como ánodo dentro de una celda electrolítica con una solución acuosa con un 20 % de ácido sulfúrico. Mientras en el cátodo se produce hidrógeno por reducción de los iones H+ puestos a disposición del ácido, la superficie del ánodo del aluminio se oxida y forma alúmina sustrayendo oxígeno al agua. Si alguien tiene curiosidad por saber qué le sucede al hidrógeno del agua, la respuesta es que se convierte en iones hidrógeno H_+. Se forman tantos iones hidrógeno en el ánodo como iones consumidos por el cátodo, donde se reducen a H_2 gaseoso, tal y como acabamos de ver. Lo que se consume es solo el aluminio metálico de la superficie, que se transforma precisamente en óxido protector, y un poco de agua de la solución. El ácido sulfúrico, por su parte, no se consume: su función es solo de servicio.

XXIII
ÉRAMOS CAMPESINOS

Sobre esta inmensa esfera que gira en torno al Sol vivimos unos 7 000 millones de habitantes. Si cesara la producción de fertilizantes sintéticos, algunos de nosotros, calculando vagamente entre 3 000 y 5 000 millones, no tendríamos para comer. Los campos no contienen cantidades ilimitadas de las sustancias nutritivas necesarias para el crecimiento de las plantas, y una de las grandes labores de la agricultura consiste en restablecerlas a medida que se recolectan. Los fertilizantes naturales (fertilizantes orgánicos y abono verde) no son suficientes para sostener los ritmos de los cultivos modernos de alto rendimiento.

En su libro *Las tres caras de la tecnología,* Luciano Caglioti, químico de la Universidad romana de La Sapienza y conocido escritor de temas ambientales y energéticos, explica que hacia la mitad del siglo XVIII aproximadamente ocho de cada 10 europeos eran campesinos, mientras los otros dos vivían en la ciudad. Hoy en día estos números se han invertido.

«Deriva de ello una consecuencia obvia: los agricultores deben abastecer no solo a su familia, sino también a esa franja de la población que trabaja en la ciudad y se ha acostumbrado a tener todo tipo de alimentos debajo de casa. [...] La agricultura debe ser intensiva y de alto rendimiento: los modelos patriarcales son poco productivos e incapaces de satisfacer unas exigencias tan elevadas con tan poco personal. [...] Ante esta situación, es lógico que los pocos que cultivan la tierra busquen producir lo máximo posible y utilicen todos los medios que la tecnología pone a su alcance para aumentar el rendimiento y abaratar los costes».

Un hito en el desarrollo de la agricultura moderna se debe al químico alemán Justus von Liebig, que promulgó la denominada *ley del mínimo*, formulada ya en 1828 por su compatriota el botánico Philipp Carl Sprengel. Liebit, destinado a la fama más allá de los ambientes científicos por crear en 1865 la industria del extracto de carne, explicaba el concepto de forma clara a través del símil del barril roto. Si se vierte agua dentro de un barril apoyado en una base y con algunas lamas más cortas a diferente altura en la parte superior (véase imagen a la izquierda), ¿qué altura podrá alcanzar el agua? Obviamente, hasta donde llega la lama más corta. El desarrollo de una planta, afirmaba Liebig, está limitado por el elemento químico menos disponible entre los esenciales. Si uno escasea, aumentar la dosis de los demás no sirve de nada.

Un elemento esencial es el nitrógeno. Como sustancia simple, es decir, no compuesta, abunda en el aire, en el que sus moléculas bio-atómicas (N_2) constituyen casi cuatro quintas partes. La parte vital para nosotros, poco más de una quinta parte, es oxígeno, el único gas que en condiciones normales es absorbido en parte por nuestros pulmones, mientras el nitrógeno se expulsa por completo en cada expiración. Las moléculas N_2 son poco reactivas porque es necesaria mucha energía para romper el triple enlace que existe entre sus dos átomos. En la época de Liebig el nitrógeno atmosférico era prácticamente inservible. Solo algunas bacterias que vivían en simbiosis en los nódulos de las raíces de las leguminosas conseguían fijarlo. Por tanto, la única forma de transformarlo en una sustancia nutritiva para los cultivos era el soterramiento de leguminosas cultivadas a tal propósito (abono verde).

En la naturaleza existen yacimientos de nitratos, sales sódicas o potásicas del ácido nítrico, que contienen nitrógeno. Emprendedores británicos implantaron en Chile una floreciente actividad minera en el desierto de Atacama destinada a la extracción de nitrato de sodio ($NaNO_3$), vendido en todo el mundo como fertilizante y como materia prima para la producción de explosivos. Algunos no se resignaban a tener una cantidad prácticamente infinita (y gratuita) de nitrógeno en el aire y no inutilizarlo. Entre los muchos interesados, un investigador lo consiguió. El químico alemán Fritz Haber trabajaba en el Politécnico de Karlsruhe. En 1905 publicó un estudio sobre la reacción entre hidrógeno y nitrógeno a presión atmosférica, que gracias a un catalizador producía una cantidad ínfima de amoniaco (NH_3) (por tanto, sin utilidad práctica). No había forma de obtener más, puesto que ese era el equilibrio químico alcanzado por el sistema. Ni siquiera un catalizador más eficiente lo habría conseguido, ya que simplemente habría llegado a la misma situación en menos tiempo. Los catalizadores no cambian el equilibrio, solo aceleran su alcance.

Otro químico alemán, Walther Hermann Nernst, puso en duda los resultados de Haber, que revisó el trabajo junto a su joven colaborador Robert Le Rossignol, un veinteañero inglés nativo de la isla de Jersey, en el canal de la Mancha. Ambos publicaron sus estudios en 1907 durante una convención. En el auditorio, Nernst insistió en su desacuerdo, sugiriendo a Haber verificar sus «imprecisos números». Herido en su orgullo, Haber decidió profundizar en la cuestión, afrontándola desde sus raíces científicas, que intentaré ilustraros de la forma más sencilla posible.

Un estudio riguroso y profundo del equilibrio químico requiere una buena dosis de ecuaciones de diverso tipo. Si nos conformamos con una mirada superficial, podemos aplicar un principio formulado a finales del siglo XIX por el químico francés Henry Louis Le Châtelier: si un sistema en equilibrio sufre una alteración, reacciona tendiendo a disminuir dicha alteración.

En nuestro caso el sistema está constituido por tres gases en equilibrio a una determinada temperatura: hidrógeno (H_2), nitrógeno (N_2) y amoniaco (NH_3). ¿Influyen los cambios de temperatura en la relación entre sus cantidades? Para responder, imaginemos que calentamos el sistema a 200 °C tras haber alcanzado el equilibrio a 20 °C. Siguiendo la lógica del principio mencionado, esto es una alteración. La formación del amoniaco genera calor; por tanto, en la reacción inversa (su descomposición) se absorbe una determinada cantidad de calor. Según el principio de Le Châtelier, si aumentamos la temperatura, el sistema deberá disminuir esta alteración, es decir, tenderá a rebajarla. Así, reaccionará en aquella dirección que «consuma» calor. Deducimos que el poco amoniaco presente disminuye aún más, dado que en parte se descompone. Por tanto, si, por el contrario, queremos producirlo, deberemos mantener la temperatura baja de forma que el equilibrio se traslade hacia su síntesis.

Lamentablemente, la situación es más complicada de lo que parece. Es cierto que al enfriarse debería formarse amoniaco, pero también lo es que la velocidad de la reacción es mucho menor. Pese a la presencia del catalizador, la síntesis del amoniaco en frío es demasiado lenta como para producirse en cantidades apreciables. El equilibrio sería más favorable, pero no se llega a alcanzar. Grave dilema: ¿trabajar en frío con un buen objetivo, pero inalcanzable, o aplicar calor y conformarse con lo poco que se puede producir de forma efectiva? Ninguna de las dos alternativas satisface las exigencias de la producción industrial.

Haber razonó entonces sobre el hecho de que de tres moléculas de hidrógeno y otra de nitrógeno derivan dos moléculas de amoniaco. En los gases que se encuentran en un recipiente de volumen constante, la presión, a igualdad de temperatura, es directamente proporcional al número de moléculas. La síntesis del amoniaco reduce a la mitad el número de moléculas de manera que de cuatro moléculas de reactivo se forman dos moléculas de producto. Por tanto, la creación de un poco de amoniaco rebaja la presión. ¿Qué sucede entonces si en el recipiente en el que se ha alcanzado el equilibrio se aumenta la presión introduciendo hidrógeno y nitrógeno mediante un compresor? El principio de Le Châtelier nos dice que el sistema reaccionará a esta alteración tendiendo a disminuirla, es decir, a bajar la presión. Existe una forma: disminuir el número de moléculas presentes produciendo más amoniaco.

Pese a ser simple y versátil, el principio de Le Châtelier posee una gran limitación y es que, además de fallar en algún caso particular, no es cuantitativo. Sirve para hacer previsiones sobre la dirección en la que se desplazará el equilibrio, pero no permite hacer cálculos sobre la magnitud del movimiento. Haber no se dejó impresionar por unas simples ecuaciones y calculó que serían necesarias 200 atmósferas para producir cantidades útiles de amoniaco a la temperatura necesaria para que la reacción no fuese demasiado lenta. Gracias a un nuevo y potente compresor y al talento e ingenio técnico de Le Rossignol, pudo disponer de un pequeño equipo de mesa con el que obtuvo resultados alentadores mediante un catalizador a base de uranio.

Lo comunicó a la Badische Anilin-und Soda-Fabrik (BASF), fábrica alemana de bicarbonato de sodio y anilina, que mandó sus encargos a Karlsruhe. El 2 de julio de 1909 el pequeño equipo funcionó delante de sus ojos durante cinco horas, produciendo a cada minuto un par de centímetros cúbicos de amoniaco líquido. BASF compró el proceso y fio a su químico Carl Bosch la tarea de desarrollarlo a escala industrial. Tras una larga serie de experimentos, se demostró que era posible aprovechar catalizadores más eficientes. Sin uranio, con mezclas a base de otros metales. Con el tiempo, el proceso original de Haber derivó en tecnologías algo diferentes, y actualmente el catalizador suele ser de hierro.

El primer establecimiento de amoniaco sintético de BASF entró en funcionamiento en Oppau en 1913. Sin aquella tecnología, Alemania no se habría embarcado poco después en la Guerra Mundial, ya que sin duda no habrían sido provistos de nitrato de Chile al estar en manos de empresas británicas, como hemos visto. El nitrato, necesario para la producción de explosivos, podía obtenerse ahora por oxidación del amoniaco sintético, es decir, de forma indirecta a partir del nitrógeno atmosférico.

No era su única aplicación. El camino iniciado por Liebig para apoyar la producción agrícola se convirtió por fin en la llave maestra. Como se dijo entonces, Haber y Bosch habían conseguido transformar el aire en pan. En la actualidad, la producción mundial de fertilizantes nitrogenados supera los 100 millones de toneladas al año. Se calcula que la mitad del nitrógeno que contienen las proteínas de nuestro organismo proviene, directamente o a través de la cadena alimentaria, del terreno, y la otra mitad, del aire. Si para la Biblia el primer hombre, Adán, recibió este nombre por haber sido creado «con el polvo de la Tierra», nosotros, sus descendientes modernos, podríamos decir que también estamos hechos de cielo.

Tres personajes de esta historia recibieron premios Nobel de química: Haber en 1918, Nernst en 1920 y Bosch en 1931. El primero fue duramente criticado en los ambientes científicos internacionales. Vale la pena que os cuente algo más sobre Haber como hombre y como científico.

La Primera Guerra Mundial fue testigo del nacimiento y avance de la guerra química. En agosto de 1914 los franceses lanzaron gas lacrimógeno (bromoacetato de etilo, $BrCH_2$ -$COOC_2H_5$) sobre los alemanes, que no quisieron quedarse atrás y comenzaron a usar cloro, sustancia extremadamente agresiva para las vías respiratorias y los ojos. Tras varios intentos fallidos de intoxicar a los rusos, el 22 de abril de 1915 tuvieron éxito en Ypres, Bélgica. Con la ayuda del viento, se alcanzó y asesinó a 5 000 franceses. Más tarde, el cloro se sustituyó por fosgeno, $COCl_2$, que se podía incluir en granadas y lanzarse sin preocuparse por el viento. Pero los austriacos emplearon la vieja técnica el 26 de junio de 1916, cuando 150 toneladas de cloro y fosgeno empujadas por el viento sorprendieron a los soldados italianos mientras dormían entre San Michele y San Martino del Carso. La III Armada italiana sufrió más de 4 000 muertos y otros tantos tuvieron que ser ingresados. También los ingleses se armaron con un arsenal químico, continuando la escalada con el gas mostaza, utilizado también por primera vez en Ypres. Se trataba de un vesicante al que ambas partes del conflicto recurrieron con frecuencia.

El premio Nobel François Auguste Victor Grignard formaba parte del servicio químico militar francés. Por su parte, Heber fue el miembro más destacado del alemán, del que formó parte desde el comienzo de la contienda y que dirigió a partir de 1916. Quizá fue este compromiso lo que empujó al suicidio a su mujer, la también brillante química Clara Immerwahr. Desde ese momento, un duro halo de tragedia envolvió a la familia. Su hijo Hermann, nacido en 1902, emigró a Estados Unidos, donde se suicidó en 1946; poco después, su hija mayor hizo lo mismo. Con el advenimiento del nacismo Fritz Haber fue aceptado pese a ser judío gracias a su gran popularidad como servidor de la patria. No corrieron la misma suerte sus colegas judíos de Karlsruhe. Abandonó Alemania en 1933 y se instaló en Cambridge. A ojos del régimen hitleriano se convirtió en un traidor y fue gravemente injuriado por la propaganda nazi tanto por su marcha como por su condición de judío.

Permaneció en Inglaterra pocos meses: el ambiente le era hostil por su implicación con la guerra química. Él se justificaba afirmando que la muerte es muerte llegue como llegue, bien a través de balas, cañonazos o corrosivos químicos. Un discurso de este tipo puede resultar cínico y despreciable hoy en día, pero no olvidemos que entre los premios Nobel, además del ya citado Grignard, figuran tres colaboradores de Haber en el servicio químico militar alemán: los físicos James Franck y Gustav Hertz (Nobel compartido en 1925) y el químico nuclear Otto Hahn (Nobel en 1944). La propia institución de los premios Nobel fue posible gracias a la enorme fortuna amasada por Alfred Bernhard Nobel con explosivos empleados en su mayor parte para las guerras.

Hay que decir que, al fin y al cabo, el argumento de Haber tenía fundamento en su época. Los agentes agresivos con los que trabajaba estaban destinados a soldados del ejército, no a civiles, como, sin embargo, sucedió. Dirán que el cloro, el fosgeno y el gas mostaza provocan más estragos entre las tropas que los explosivos y proyectiles convencionales. Vale, pero en la guerra gana quien consigue el efecto mayor. Si alguien no acepta esta idea, no debería hacer la guerra. Así que no me digáis que existen armas buenas porque matan a pocos enemigos. ¿Se puede condenar a un arma porque alcanza su objetivo mejor que otra? Si acaso se puede acordar no utilizarla. Por suerte, en 1997 muchos países decidieron no producir más armas químicas y destruir las que ya tenían. Pero durante la Primera Guerra Mundial, cuando todos los beligerantes investigaban con aquellas sustancias, ¿quién puede culpar a Haber? ¿Y por qué no tomarla con los ingleses, que tampoco se quedaban mirando? ¿Quién garantiza que, si Haber no hubiese cumplido con su parte, los enemigos de Alemania no habrían utilizado también armas químicas?

Para dar una idea de la impopularidad de Haber en Cambridge contaré que Ernest Rutherford, premio Nobel de química en 1908 y celebérrimo padre del modelo atómico planetario, evitó acudir a una recepción en la que estaría también Haber porque no quería estrecharle la mano. Quien sí manifestó su solidaridad y estima hacia Haber fue el químico bielorruso Jaim Weizmann, judío también, trasferido en 1908 a Inglaterra, donde durante la guerra se convirtió en un meritorio productor de explosivos. Gracias a ello consiguió que el ministro de Exteriores británico Arthur Balfour reconociese el derecho de los judíos a una patria en Palestina. En 1925 fundó en Jerusalén la Universidad Hebrea, desde donde ofreció a Haber el puesto de director de un instituto de investigación cercano, en Rejovot. El alemán aceptó y viajó en enero de 1934 tras recuperarse de un ataque al corazón, pero se sintió indispuesto de nuevo y tuvo que detenerse en Suiza, donde murió ese mismo mes en Basilea. Concluyó así una existencia amargada por el odio tanto de nazis como de ciertos ambientes internacionales enemigos del nazismo.

Para hacerse una idea de la importancia que había alcanzado para la humanidad el proceso Haber-Bosch, he aquí las cifras del nitrato de Chile. En 1925 se extrajeron 2,5 millones de toneladas, vendidas a 45 dólares la tonelada, en unas minas que daban trabajo a 60 000 personas. En 1934, año de la muerte de Haber, los trabajadores se redujeron a poco más de 14 000, mientras las toneladas extraídas fueron 800 000. El precio se precipitó hasta los 19 dólares la tonelada. Los historiadores de economía hablan de la crisis del nitrato y sus estragos en el desempleo. No es el único caso en el que un progreso para el mundo viene acompañado de inconvenientes y dramas para ciertos grupos o sectores. Lo ideal sería que todos progresaran juntos. Fácil decirlo, complicado conseguirlo. No queda otra salida que remitirse a las consideraciones iniciales de este capítulo: si no fuera por Fritz Haber y Carl Bosch, millones de seres humanos no tendrían para comer. Como habitantes del planeta, debemos estar agradecidos a los dos alemanes.

Asimismo, tenemos el deber de recordar con deferencia a un gigante de la química industrial italiana: Giacomo Fauser, nacido y fallecido en Novara, pero ciudadano suizo, hijo de un pequeño empresario originario de los alrededores de Locarno. Tal y como explican Umberto Colombo, Giuseppe Sironi y Francesco Traina, Giacomo era todavía un estudiante de la facultad de ingeniería del Politécnico de Milán (donde se graduó en 1918) cuando creó una celda para la electrólisis del agua, adoptada de inmediato por muchas empresas italianas: producía oxígeno, útil en los sopletes oxiacetilénicos para soldaduras, y funcionaba a bajo coste al utilizarse por la noche y en días festivos, cuando el precio de la energía eléctrica era menor.

El oxígeno se formaba en el ánodo por oxidación del agua, mientras en el cátodo se reducían contemporáneamente los iones hidrógeno puestos a disposición del ácido sulfúrico. Así, en ese electrodo se generaba hidrógeno gaseoso (H_2). Ya dije que la química verde no apareció de la nada en la última década del siglo pasado. Aun por motivos económicos y no ambientales, Fauser no quiso desperdiciar ese subproducto. Se le ocurrió aprovecharlo en la síntesis del amoniaco, que había sido iniciada por BASF, como ya hemos visto. Se dedicó a experimentar en la fundición paterna tras convertir un resto de obús bélico en autoclave. Una larga serie de experimentos condujeron a decisiones autónomas sobre el catalizador y las condiciones, de forma que delineó un proceso diferente del alemán y, por tanto, rápidamente patentado. En 1920 Fauser produjo en aquella afortunada maquinaria 4 kilos de amoniaco por hora. Se trataba de una especie de milagro para un joven ingeniero que trabajaba solo y con medios artesanales en comparación con los grandes grupos que se dedicaban a investigaciones análogas con potentes medios en Francia, Gran Bretaña y Estados Unidos.

El senador Ettore Conti, presidente de la Banca Comercial y de la Sociedad Eléctrica Conti (después Edison), se lo comentó a Guido Donegani, presidente de Montecatini, quien se trasladó a Novara y confió de inmediato en Fauser al ver la maquinaria. Era el 26 de mayo de 1921. Cinco días después nació la Sociedad Electroquímica Novarese con dos tercios del capital de Montecatini y un sexto de Fauser y Conti, respectivamente. El éxito fue enorme. En el transcurso de varias décadas se vendieron centenares de sistemas Fauser en todo el mundo. La química italiana tuvo un rol protagonista en el teatro de la industria internacional.

Fauser, de forma insólita, no hacía distinciones entre los compradores y proporcionaba a los países del Tercer Mundo sistemas de la misma calidad que los destinados a las grandes potencias económicas. Otra originalidad del ingeniero suizo-novarés es que cedía su tecnología al extranjero. Por el contrario, BASF conservó secretos y detalles importantes del proceso Haber-Bosch incluso durante las minuciosas inspecciones realizadas por los ocupantes tras el final de la Segunda Guerra Mundial. Con Fauser y Montecatini, la química italiana permitió a muchos países conseguir su propio pan del aire.

XXIV
COMER SANO

El primer eslogan aparecía en enero de 1997 en una página publicitaria a color de un importante periódico. «Pureza sí, química no». «Come y muere. La química en el plato». El anunciante era el fabricante de un embutido merecidamente famoso que, por lo visto, ignoraba (o aparentaba ignorar) que todas las sustancias materiales son químicas: la sal, las proteínas, las grasas del propio embutido, los detergentes y los desinfectantes necesarios para trabajar en condiciones de higiene. La segunda frase es el título de un libro publicado en Alemania en 1982.

En febrero de 2005, World Wildlife Fund (WWF) y la Universidad de Siena analizaron la sangre de 18 italianos famosos, entre ellos, la actriz Margot Sikaboni, el crítico de arte y comentarista Vittorio Sgarbi, y los exministros Giovanna Melandri, Antonio Guidi y Willer Bordon. Los periódicos lanzaron titulares alarmantes: «Políticos y actores: 65 venenos en la sangre». En los textos se leían «resultados impactantes», y la culpa de los mismos se atribuía sobre todo a la comida. La famosa organización ambientalista y la Universidad de Siena advirtieron de que la muestra era reducida y no podía extrapolarse a una estadística, pero la conclusión era que estamos expuestos a un «nivel de riesgo intolerable».

Seguramente ese nivel aparecía especificado en los registros de los análisis, pero no me consta que fuera trasladado al público en términos numéricos, los únicos que pueden dar o quitar valor a la alarma. *Dosis sola facit venenum*, «solo la dosis hace el veneno», intuyó de forma brillante hace medio milenio el médico y alquimista Paracelso. La presencia de una sustancia potencialmente nociva no significa en sí absolutamente nada. Si hoy en día, tras años en los que el progreso técnico y científico ha seguido avanzando, repitiéramos los análisis utilizando instrumentos más avanzados y, por tanto, más sensibles a concentraciones más bajas, es probable que en la misma muestra no hallásemos 65 «venenos», sino varios cientos. ¿Y entonces? Entonces, repito, importa la dosis, no la simple presencia.

Quizá podemos minimizar la importancia de aquella historia pregonada a bombo y platillo con grandes titulares. O quizá no. Puede ser que alguna sustancia requiera atención. Si eso significa que, como la medalla del proverbio, también las industrias agrícolas y alimentarias tienen su otra cara, se confirmaría por enésima vez. Se trataría..., es más, abandonemos el condicional: se trata de poner caso por caso los pros y los contras en una balanza. Este es un criterio importante para tomar decisiones. Dejadme decir que, en general, los ambientalistas que lo adoptan son pocos. La mayoría de ellos, cuando encuentra un objetivo a combatir, no se pregunta: si eliminamos esa sustancia, ese producto, ese hábito, ¿qué aparece en su lugar? Así ocurrió con la prohibición del DDT, que provocó un aumento de la malaria. Así sucedió con el rechazo a desinfectar los acueductos con compuestos de cloro, lo que contribuyó a la explosión de una epidemia de cólera en Perú entre 1991 y 1996. Enfermaron más de 800 000 personas y murieron más de 6 000.

En noviembre de 2004, Gian Paolo Accotto, del instituto de virología vegetal CNR de Turín, escribió en el periódico *La Stampa* un artículo vibrante a propósito de los idolatrados alimentos naturales y de los despreciados y temidos por contener sustancias químicas añadidas por el hombre. Se preguntaba qué pruebas había de que «lo tradicional y típico sea natural de por sí y de que lo que es natural sea saludable de por sí»:

«[...] Si natural significa que deriva de la naturaleza sin mediación humana, es decir, no artificial, entonces no hay nada más de lo que discutir: los quesitos y la panceta no se encuentran en la naturaleza, ni las lentejas de Valdisotto, fruto de selecciones y mejoras genéticas seculares por parte del hombre».

Y así es como respondía a la segunda cuestión: «Entre las sustancias presentes de forma natural en muchos vegetales y alimentos, existen numerosos compuestos de todo menos saludables». Como ejemplo, Accotto citaba los antinutrientes –que, como su propio nombre indica, impiden absorber las sustancias nutritivas– y las toxinas vegetales.

Estas últimas han teñido de negro no pocas páginas de la historia de la humanidad. Ahora están de moda las novelas y películas seudohistóricas acerca de órdenes de caballería de inspiración religiosa y guardianes de quién sabe qué secretos. Alguno habrá oído hablar de los caballeros del Tau. Esta denominación se refiere a una orden medieval hospitalaria de Altopascio, en la provincia de Lucca, dedicada a asistir a los peregrinos que marchaban a Roma desde el norte a través de la Vía Francígena. La historia de las órdenes y hermandades es intrincada y confusa. La tau, letra griega y hebrea, es recurrente en el nombre de varios grupos. Con su forma similar a una T mayúscula, funciona como representación estilizada de diferentes objetos: para los franciscanos recordaba (y sigue recordando) tanto a la cruz de Jesús como al hábito de san Francisco con los brazos abiertos. También para los antonianos, que llevaban ese símbolo cosido en tela azul sobre un manto negro delante del corazón, era probablemente un reclamo de la cruz, aunque condensaba otros significados: la muleta de los enfermos a los que asistían y la inicial de la transcripción latina de la palabra griega *thàuma*, «prodigio», por los milagros de san Antonio Abad, de quien tomaban el nombre.

Los antonianos eran una orden hospitalaria, además de religiosa y militar. Se dedicaban en concreto a curar a los afectados de ergotismo, grave enfermedad debida a la intoxicación por harina de centeno infectada con el hongo *Claviceps purpurea,* en francés *ergot* («espolón»), que sobresale de las espigas en forma de cuerno. Durante más de un mileno las recolectas contaminadas provocaron enormes efectos en la población europea: convulsiones parecidas a las epilépticas, alternancia de sensación de frío y quemazón en las articulaciones, gangrena en las extremidades. Los síntomas neurológicos de la enfermedad hacían pensar en influjos diabólicos y brujería y, según algunos, los dramáticos acontecimientos de la caza de brujas de Salem en Massachusetts (1692) tuvieron su origen precisamente en el ergotismo. De hecho, el hongo sintetiza alcaloides alucinógenos. El más conocido de ellos es el ácido lisérgico, gracias a las investigaciones de Albert Hofmann. Este químico suizo trabajaba en Basilea para Sandoz en la producción de nuevos medicamentos que, en efecto, llegaron a usarse. Pero la fama del compuesto se debe a uno de sus derivados, la dietilamida (nombre en clave, LSD). Hofmann la sintetizó en noviembre de 1938, pero solo descubrió sus potentes efectos en abril de 1943, cuando una gota cayó en su mano y absorbida parte de la misma a través de la piel. A partir de entonces comenzó a experimentar el compuesto en su propio cuerpo, en presencia de un psiquiatra. Los efectos permanecían durante al menos seis horas, durante las cuales, entre otros, tenía lugar en su cerebro una especie de intercambio entre vista y oído al transformarse los sonidos en visiones variopintas. Un cuarto de siglo después el LSD se convirtió en la principal droga psicodélica de los *hippies*, con efectos negativos en la salud y la personalidad.

Pese a no ser intencionado, la química había sumado un peligro a algo natural, ya de por sí peligroso.

Existen otros ejemplos en los que la química está de la parte de los buenos mientras que de la naturaleza es mejor no fiarse. Empecemos por la solanina de las patatas. El tubérculo la contiene sobre todo en la piel, un buen motivo para pelarlas antes de comerlas dejando de lado ciertas modas culinarias y los torpes consejos dietéticos que consideran la piel una fuente de fibra. ¿Por qué la naturaleza puso la solanina en la parte externa? Porque es un pesticida natural, peligroso también para el ser humano, y se encuentra en la piel para disuadir a los parásitos. Si esa defensa falla y el parásito ataca, la solanina avanza hacia el interior... y nosotros la ingerimos. Mejor proteger las patatas con antiparasitarios sintéticos, más eficaces contra los intrusos y con mayor capacidad de controlar los efectos que ejercen sobre nosotros. Además, siendo extraño a la patata, esta no tiene mecanismos para expulsarlo. Dicho de otra manera, lo eliminamos todo con la piel.

Muy potentes son también las *micotoxinas*, venenos producidos por mohos que contaminan con frecuencia los alimentos mal protegidos. Una de ellas, la *Aspergillus flavus*, sintetiza las denominadas *aflatoxinas*, de la inicial de *Aspergilllus* y de las primeras letras de *flavus*. No solo son altamente tóxicas, sino altamente cancerígenas. Fueron descubiertas en 1959, cuando murieron repentinamente miles de pollos y pavos en las granjas de la región inglesa de Anglia Oriental. Se llevaron a cabo profundos estudios químicos en un gran lote de harina de cacahuete utilizada como pienso e importada de América del Sur. Finalmente se hallaron estos compuestos extremadamente nocivos. De cuanto se dedujo, el moho había invadido los cacahuetes antes de ser molidos o ya como harina. Respecto a los síntomas, se atribuyeron a las aflatoxinas numerosos incidentes del pasado que habían quedado sin explicación. Desde entonces, las aflatoxinas se convirtieron en especial objetivo de análisis de los productos alimentarios. Por desgracia, encontrarse con ellas es habitual.

Ciertos hongos del género *Fusarium* producen tricotecenos que, por ejemplo, en la Unión Soviética, provocaron la muerte de miles de seres humanos por leucopenia (escasez de glóbulos blancos). El mayor número de muertes se produjeron durante el periodo de carestía de la Segunda Guerra Mundial y la posguerra. A falta de otra cosa, la gente se alimentaba de cereales no recolectados que habían permanecido bajo la nieve y habían enmohecido.

En los países tropicales una planta tropical muy importante es la *Manihot esculenta*, llamada *mandioca* o *yuca*, de cuyo tubérculo se obtiene una harina denominada tapioca. Estas también poseen un antiparasitario natural listo para actuar, como una pistola a punto de disparar, pero con el seguro puesto. En el momento de defenderse de los depredadores, la planta quita el seguro y hace funcionar su arma en legítima defensa. Más allá de la metáfora, una enzima libera ácido cianhídrico de un compuesto inocuo que se encuentra combinado químicamente. Este ácido es el mismo veneno que mata a quien ingiere su tristemente célebre sal, el cianuro de potasio, a partir del cual se forma en el estómago en contacto con el potente ácido clorhídrico. Según una vieja forma de hablar de los químicos, el ácido fuerte desplaza de la sal al ácido débil. Para ser comestibles, los tubérculos de la mandioca deben tratarse de forma especial. Entre las prácticas necesarias, durante el tiempo que pasa desde su recolección a su consumo, un buen pesticida puede evitar el ataque de pequeñas bestias. Si no los sufre, la planta no tiene razón alguna para liberar veneno.

Como habéis podido comprender, no soy enemigo de los pesticidas. Para ser exactos diré que los considero útiles dentro de los límites y criterios de uso indicados por ley por su fabricante. No se deben superar las dosis establecidas y se deben respetar los tiempos. Por ejemplo, si están diseñados para el periodo de la floración y se utilizan antes de la recolección de los frutos es muy probable que lleguen hasta nuestra mesa. También considero útiles los conservantes, siempre respetando las normas. A las conservas de carne, como, por ejemplo, los embutidos, se les puede añadir nitrato de sodio o de potasio ($NaNO_2$, KNO_2). Son potencialmente peligrosos; de hecho, la ley establece un límite máximo de 150 mg por kilo. Pensaréis: si son peligrosos, mejor no usarlos en la comida. He dicho *potencialmente* peligrosos. Los daños pueden materializarse al superar una determinada dosis.

No estoy diciendo que los nitratos sean buenos o que estén totalmente privados de efectos nocivos. Pero si no los usamos, ¿qué puede suceder? Su función es conservar el alimento, impidiendo su contaminación por parte de una bacteria anaeróbica, es decir, que prolifera en ausencia de aire. Se llama *Clostridium botulinum* y su toxina ha adquirido popularidad en discutibles tratamientos estéticos antiarrugas. A menudo protagoniza la crónica al provocar estragos en familias o convivientes que la han ingerido a través de los alimentos. He aquí un fragmento de un periódico de septiembre de 2011:

«El ministro de Sanidad publicó ayer un aviso a los consumidores en relación con una información de las autoridades francesas del pasado 6 de septiembre relativa al ingreso de ocho personas por intoxicación de toxina botulínica como consecuencia del consumo de una conserva artesanal de aceitunas y almendras producida y vendida exclusivamente en el sur de Francia».

Noticias como la anterior se repiten cada año en los medios:

Octubre de 2011: *«Han aumentado a cinco los jóvenes palermitanos ingresados por intoxicación de toxina botulínica. La que debía ser una cena entre amigos se ha convertido casi en una tragedia debida a un pesto de berenjena cocinado y conservado por la madre de uno de ellos. Los jóvenes están ingresados en las unidades de reanimación».*

Carnia, enero de 2012: *«Jubilado de 60 años ingresado en el hospital por ingestión de* funghi porcini *en aceite, regalo de un amigo».* También fue culpa de la toxina botulínica.

Bienvenidos sean los nitratos, respetando las normas. En mi opinión, la legislación europea es una de las más conscientes y restrictivas. Y yo, que he criticado algunos movimientos ambientalistas en más de una página de este libro por tener a menudo comportamientos irracionales, aquí me quito el sombrero ante todos ellos. Sin su presión, no tendríamos una legislación que nos otorga serenidad en la compra y consumo de alimentos.

Un aspecto importante de estas normas es que están sujetas a revisiones programadas. No es posible negar que mañana o pasado mañana no se descubra una propiedad nociva en las sustancias hoy consideradas inocuas. Esto sirve no solo para los compuestos sintetizados por el hombre, sino también para los naturales. Ha sucedido en varias ocasiones que alimentos de ambos orígenes han sido retirados por motivos sanitarios. Por ejemplo, el aceite esencial de bergamota, importante producto calabrés de perfumería, se trata para reducir su contenido de bergapteno. Se descubrió que este compuesto provoca quemaduras solares en la piel rociada con perfume que contenía este aceite. El acónito es una planta medicinal de vieja tradición que dejó de utilizarse en Occidente hace décadas, ya que contiene el alcaloide aconitina, que puede ser mortal. De las raíces del *Alkanna tinctoria*, planta de las borragináceas, se extrae alkanina, colorante alimentario de color rojizo. Anteriormente se permitía en Europa con el número E 103, pero ya no. Tampoco en Estados Unidos está permitido, pero sí en Australia. ¿Quién tiene razón? Antes o después lo sabremos con seguridad.

La Unión Europea adoptó en 2008 un nuevo paquete de normas sobre los aditivos alimentarios que entró en vigor en 2011. Desde entonces hasta 2020 se estableció un programa para volver a evaluar todas las sustancias alimentarias autorizadas antes de 2009. Esta evaluación corresponde a la Autoridad Europea de Seguridad Alimentaria (EFSA), con sede en Parma.

Los aditivos alimentarios son de muchos tipos. Además de los conservantes ya citados, desempeñan una acción a menudo insustituible los emulsionantes, los gelificantes y otros. Personalmente, tengo dudas sobre la auténtica utilidad de algunas categorías, sin afirmar con esto que representen grandes peligros. Entiendo la función de los edulcorantes artificiales para los diabéticos y las personas con obesidad patológica. Sin embargo, las personas temerosas de los michelines que sobresalen por el bañador deberían moverse más y no recelar del buen viejo azúcar. Por último, los colorantes. En general, son síntoma de cómo nos preocupamos más por la apariencia que por la sustancia. Podríamos prescindir tranquilamente de los colorantes alimentarios.

XXV
INVENTOS Y
DESCUBRIMIENTOS

En 2006, se incluyó en el Salón de la Fama de los Inventores Nacionales de Estados Unidos (National Inventors Hall of Fame) a Robert (Bob) Gore, hijo de Wilbert (Bill). A ellos (y a Rowena Taylor y Samuel Allen) se debe el tejido Gore-Tex, impermeable y transpirable al mismo tiempo. El secreto está en una membrana porosa de aplicación textil patentada en 1980. El material con el que está fabricada, también patentada por los Gore cuatro años antes, está hecho a base de un polímero llamado *PTFE*. En el Gore-Tex se encuentra expandido y en cada centímetro cuadrado hay casi 1500 millones de poros microscópicos. La mayor parte de nuestro sudor es agua, que sobre la piel tiende a evaporarse ayudándonos a eliminar el exceso de calor (ver Capítulo VIII: Una sensación de frío). Una vez evaporada, el agua ya no es líquida, sino que es gaseosa, y en el gas cada molécula va por su cuenta. Los poros del Gore-Tex son mucho más grandes que ellas, que tienen un diámetro de dos diezmillonésimas partes de milímetro (0,0000002 mm). Por tanto, el vapor sale tranquilamente, siendo el motivo por el que el tejido es transpirable.

¡Ah! Podréis pensar: pero entonces no protege del viento, dado que el diámetro de las moléculas de oxígeno, nitrógeno y demás constituyentes del aire no difieren mucho del de las moléculas H_2O. Sin embargo, no es así, ya que es una cuestión de intensidad de flujo. Una cosa es el paso de un gas que se produce lentamente (el vapor de agua de nuestro sudor) y otra es dejarse atravesar por una gran cantidad de aire a la vez. Así que el Gore-Tex es también un cortavientos. Falta explicar por qué es impermeable a la lluvia. Simple: el diámetro de las gotas más pequeñas se mide en micras, milésimas de milímetro. Cada gota, que constituye un agregado de muchísimas moléculas, supera hasta cuatro veces el tamaño de la molécula individual (decenas de miles de veces) y, en definitiva, no atraviesa los poros. Otro «colador» de gran utilidad.

Las iniciales PTFE vienen de *poli-tetra-flúor-etileno,* un polímero con una historia digna de contar y ligada, como tantos otros descubrimientos científicos, a la casualidad. Todo empezó con los peligros del sistema de refrigeración de los frigoríficos domésticos. En su interior, como ahora, había un gas fácilmente licuable por compresión. El calor liberado en esta fase equivale, en valor absoluto, al calor absorbido durante la evaporación y se dispersa en el aire a través de una rejilla. Podemos verla en la parte de atrás del frigorífico de casa. A continuación, el líquido se descomprime mientras recorre unos tubos donde vuelve al estado gaseoso. Absorbe así el calor necesario para la evaporación, enfriando de esta forma el interior del aparato y todo lo que introducimos en él.

Desde la última década del siglo XX está prohibido utilizar los clorofluorocarburos (CFC) por considerarse causantes del agujero de ozono. Entre 1920 y 1930 se desconocía este problema, pero existía otro que está volviendo hoy en día, ya que los actuales sustitutos de CFC no son precisamente perfectos. Algunos resuelven la cuestión solo en parte, es decir, todavía afectan al ozono. Otros, que en ese sentido funcionan bien, suponen algún riesgo para nuestra seguridad que no existía con los CFC. Hacia el primer cuarto del siglo XX se utilizaban gases nocivos para la refrigeración, tales como amoniaco o dióxido de azufre (SO_2, llamado también *anhídrido sulfuroso),* y otros inflamables, como el hidrocarburo etileno ($H_2C=CH_2$). En caso de fuga por un incidente o por el deterioro de la máquina, el problema era grave; además, la eliminación de los aparatos fuera de uso requería precauciones especiales.

En Estados Unidos, General Motors quiso sustituirlos por CFC, de forma que hacia 1935 creó la *joint-venture* Kinetic Chemicals con el coloso químico DuPont. Se pusieron a punto los procesos industriales y se lanzaron nuevos productos bajo el nombre de freón, gas no inflamable e inocuo para el ser humano. En 1938 DuPont quiso ampliar la gama y encargó al químico Roy Plunkett, de 28 años, estudiar otros clorofluorocarburos. Plunkett decidió empezar por el tetrafluoretileno ($F_2C=CF_2$), también llamado *perfluoretileno,* al que pretendía añadir ácido clorhídrico (HCl) para obtener una sustancia con fórmula HF_2C-CF_2Cl, un hidroclorofluorocarburo. Pero las cosas no fueron así. Hasta entonces, el tetrafluoretileno se había sintetizado en laboratorios en pequeñas cantidades. Pero necesitaba decenas de kilos para sus pruebas. Para ello, mandó construir un pequeño sistema, a cuya salida se recogía el producto líquido en bombonas rodeadas de hielo seco, dióxido de carbono en estado sólido, que ya vimos en el Capítulo II (La química es bella) y que tiene una temperatura de casi -80 °C.

Para poder sacar tetrafluoretileno y hacerlo reaccionar con ácido clorhídrico, Plunkett quitó una de las bombonas del hielo seco y la llevó a temperatura ambiente. A continuación, conectó el recipiente de reacción a un grifo a través de un tubo y comenzó a sacar el gas. ¡Vaya! El flujo se interrumpió de inmediato. El grifo debía de estar obstruido. ¿Y ahora? La bombona ya era inservible y podía resultar peligrosa. De hecho, si se calentaba sin querer, el tetrafluoretileno podía descomponerse de forma explosiva. La bombona no podía quedarse en el almacén, tenía que volverla inofensiva y eliminarla. Una manera de hacerlo era partirla en dos con una sierra eléctrica, pero la fricción habría provocado un calentamiento localizado e intenso. Plunkett y sus colegas llevaron la bombona al patio, la colocaron detrás de una pantalla robusta y la segaron manteniéndose a resguardo. Esperaban oír el clásico silbido del gas saliendo en cuanto agujereasen la pared de la bombona. Sin embargo, nada, o casi: finalizado el corte, hallaron, con gran estupor, un polvo blanco de una excepcional resistencia al calor, a los disolventes, a las sustancias ácidas y alcalinas y a los ambientes agresivos en general. El tetrafluoretileno se había polimerizado a causa de la elevada presión y del efecto catalítico del hierro de la bombona.

Nació así el politetrafluoretileno. Con el fin de evitar esta palabreja incómoda e incomprensible, el polímero se nombró con las iniciales PTFE, pronunciada letra por letra (pe-te-efe-e). Kinetic Chemicals lo patentó en 1941 y DuPont lo lanzó en 1945 bajo la marca Teflon, que se convirtió después en un nombre común. ¿Qué había sucedido en los siete años transcurridos desde su descubrimiento? El PTFE parecía destinado a permanecer sin aplicaciones prácticas debido a que su coste no incitaba a su producción. Sin embargo, llegó un usuario que no escatimaba en gastos. El proyecto Manhattan, destinado a la construcción de la bomba atómica, necesitaba enriquecer el uranio en su isótopo fisible (es decir, sujeto a fisión nuclear), el que tiene masa atómica 235, que en la naturaleza se encuentra solo al 0,73 %. El uranio extraído del mineral se transformaba en hexafluoruro (UF$_6$), compuesto que se convierte fácilmente en gas por sublimación. Hasta aquí el proceso era el mismo que se usa en la actualidad con fines tanto militares como civiles (es decir, para las centrales electronucleares).

El gas en cuestión está formado por moléculas UF6 de masa ligeramente diferente: más del 99 % contiene el isótopo prevalente, uranio 238; el resto, o sea, la parte escasa e interesante, contiene uranio 235. Calculemos las respectivas masas moleculares añadiendo seis veces la masa atómica del flúor (19) a la masa atómica del uranio. Resultado: 352 y 349. Una diferencia mínima, pero suficiente. Hoy en día la separación se realiza mediante centrifugados, pero entonces se dejaba en manos de la difusión. Para ser exactos, tal y como determinó el químico escocés Thomas Graham en 1846, los gases se propagan a velocidad inversamente proporcional a la raíz cuadrada de su masa molecular. Los cálculos en el caso en cuestión habrían podido desalentar a los responsables del proyecto Manhattan: el hexafluoruro del uranio fisible (el 235) vence al otro en velocidad de propagación solo en un 4 ‰. El enriquecimiento podía realizarse repitiendo numerosas veces las operaciones, y, en efecto, se alcanzó aproximadamente el 80 %.

¿Qué tiene que ver el invento de Plunkett, que le condujo también al National Inventors Hall of Fame? El hexafluoruro de uranio, altamente corrosivo, requería materiales especialmente resistentes en su sistema. El nuevo polímero se producía en secreto para fabricar guarniciones y piezas varias. Cuando retornó la paz, se levantó el secreto militar. Había quedado demostrado que el PTFE era capaz de resolver problemas irresolubles de otro modo, y DuPont comenzó a producirlo en 1950 con ese nombre más pronunciable que hemos visto, teflón. Diez años después, el teflón llegó a las sartenes antiadherentes, aprovechando una propiedad que lo hace figurar en el *Libro Guinness de los récords:* es la sustancia más resbaladiza que se conoce. Las nuevas sartenes se pusieron a la venta en unos grandes almacenes de Nueva York. Eran mucho más costosas que sus ordinarias parientes, pero aun así volaron.

En la actualidad el teflón sigue siendo bastante caro y se utiliza con fines particulares en los que los polímeros más económicos no funcionan tan bien.

Repele las manchas en alfombras, papel pintado, manteles, cortinas, ropa. La suciedad no se adhiere y el lavado es mucho más fácil y eficaz. Esto se traduce también en una ventaja para el ambiente al ser necesarios menos detergentes y disolventes.

Los lacados de teflón sirven para limpiar mejor las paredes decoradas, protegiéndolas de los efectos del aire contaminado, de los «recuerdos» que dejan los pájaros, de la intemperie y de los rayos ultravioleta del sol. Asimismo, se vuelve efímero el contenido de los aerosoles rociados por grafiteros u otros maleducados que a diferencia de aquellos ni siquiera tienen dotes artísticas.

Gracias a su resistencia al calor y a otros agentes químicos y al hecho de no ser inflamable, el teflón se ha impuesto como aislante de cables eléctricos en las telecomunicaciones y en los aviones. Estable al calor e indiferente a los carburantes y lubricantes, ha demostrado ser eficaz para fabricar tubos y guarniciones en los motores de los vehículos. Ya he hablado de los utensilios de cocina antiadherentes, pero para concluir debo añadir algo sobre una advertencia que ha reaparecido recientemente y que, como tantas otras, encuentra mucha gente dispuesta a creerlas. En Italia surgió por primera vez en 2006, cuando una carta expedida aquel año por la Agencia de Protección Ambiental de Estados Unidos (EPA) equivocó a los productores del ácido perfluorooctanoico (PFOA), ingrediente usado en la fabricación de revestimientos antiadherentes. El teflón no se puede aplicar en estado fundido porque su temperatura de fusión es más de 300 °C, tan alta que dañaría el polímero. Por tanto, se fabrica ya en su forma final a partir de emulsiones obtenidas hasta hace pocos años añadiendo PFOA. Este aditivo no dejaba rastro en el revestimiento una vez que la sartén estaba lista.

Que la EPA invitase a los fabricantes a sustituir el PFOA por otras sustancias debido a una nocividad más sospechada que demostrada que no tenía nada que ver con el hecho de comer alimentos cocinados en sartenes de teflón. Se refería a la salud de los trabajadores de los establecimientos de producción y a la propagación del PFOA en el ambiente. En efecto, posteriormente cayó en desuso. Pero ¿creéis que esto era suficiente para enterrar de una vez por todas las falsas alarmas? ¡Qué va! Volvió a aparecer en 2010, y es fácil prever que antes o después habrá más, ya que muchos desconfían del teflón y prefieren evitarlo en la cocina. Si estáis entre ellos, sabed que la parte en la que el alimento cocinado se pega a un fondo sin estrato antiadherente se sobrecalienta al quedar bloqueado y ya no se puede mezclar ni dar la vuelta. Y entonces, en sentido sanitario, es un problema.

En su libro *Cocina, química y salud,* el químico Rosario Nicoletti, de la Universidad romana de La Sapienza, recuerda que algunos componentes alimentarios son muy reactivos y que la velocidad de las reacciones aumenta al hacerlo la temperatura. Si se forman sustancias nocivas por alguna reacción, cuanto más rápido lo hacen, mayor es la dosis final. Al cocer con agua la temperatura puede superar los 100 °C debido a las sustancias disueltas. Al freír el aceite alcanza los 180 °C. En ambos casos, ahí donde el alimento se pega a la sartén e impide a la mezcla en movimiento sustraer calor del fondo de forma continua la temperatura aumenta hasta tal punto que permite la formación de sustancias cancerígenas, prácticamente ausentes en otras partes.

Mejor, mucho mejor el teflón, hacedme caso. Pero —objetará alguno— si se despega un poquito y acaba mezclado con la comida, ¡hace daño! No, en absoluto. Para romper los enlaces carbono-flúor del teflón se requiere una cantidad de energía enorme. Este es el primer motivo por el que el polímero es tan poco reactivo. El otro es que los átomos de flúor forman una capa protectora alrededor de la cadena de átomos de carbono impidiendo los ataques que podría recibir de reactivos. Por tanto, un posible fragmento de teflón despegado de la sartén no puede unirse a nuestras enzimas o reaccionar de manera alguna con nuestro cuerpo. Atraviesa el tubo digestivo y, sin liberar en nuestro interior nada soluble capaz de alterar nuestra fisiología, termina inalterado… en el inodoro. Es poco elegante y me disculpo, pero espero haberos convencido.

Conclusión
DESFILES Y REALIDAD

En los seis capítulos anteriores he querido presentar algún ejemplo de lo útil que es la química para la humanidad. Es más, lo útil que ha sido, en conjunto, en un pasado en el que se escuchó poco (o incluso nada) la necesidad de salvaguardar el ambiente y la salud de aquellos que trabajaban en los establecimientos o vivían alrededor. He presentado ideas para sopesar en la balanza general y espero que la reflexión os conduzca a juzgarla en positivo.

En este orden de ideas me gustaría volver a pensar en 2011, el Año Internacional de la Química. Algunas iniciativas fueron eficaces y meritorias, como la jornada de «Fábricas abiertas» al público. Otras tuvieron un cierto carácter de desfile que permitieron a la química recibir un merecido reconocimiento por parte de la ciencia y de las más altas autoridades italianas y europeas. En los tiempos que corren, todo esto es de particular importancia porque contribuye a una mayor atención por parte de gobiernos y legisladores y, por tanto, a más financiación para la investigación y para los cursos químicos universitarios. Y puede traducirse en una mayor atención hacia las exigencias de la industria química por parte de la burocracia y de los organismos que emiten reglamentos europeos, estatales y regionales.

Pero no habría estado mal añadir algo en esas convenciones y ceremonias que proporcionaban un escenario privilegiado (la atención de los medios de comunicación) gracias a las personalidades públicas que intervinieron y a la notoriedad de las instituciones anfitrionas. No habría estado mal aprovechar alguna oportunidad para involucrar al público en discusiones sobre temas escabrosos, pero inevitables, de la química del pasado. O los afrontamos con toda la apertura posible o su sombra permanecerá siempre entre nosotros, los químicos, y los demás. Sin esa apertura al pasado, la gente de la calle no conseguirá fiarse de la química de hoy y de mañana. La gente debe convencerse de que si quiere la verdad acerca de los grandes casos de contaminación del pasado o sobre los que todavía pueden suceder, no debe limitarse a leer panfletos alarmantes ni prestar demasiada atención al sensacionalismo de determinados programas televisivos. No debe dejarse absorber por la sugestión colectiva de las redes sociales y los blogs que alimentan histerismos y miedos a menudo infundados. Por el contrario, debe escuchar a los profesionales, empezando por la industria, la única que tiene información de primera mano. A diferencia de cuanto ha sucedido hasta ahora, los profesionales (y la industria en primer lugar) deben estar dispuestos a dar información y explicaciones sensatas, demostrables a poder ser. Y a sostener, o incluso promover y animar, los debates que de ellas puedan nacer.

Al finalizar el año internacional, Ferruccio Trifiró hizo balance en *La química y la industria:*

«Frente a un mundo que pide una ciencia y una tecnología para combatir la pobreza, el hambre, las enfermedades endémicas, [...] las iniciativas de este año han permitido mostrar a los ciudadanos que la química es la ciencia capaz de proponer las soluciones [...] y hacer comprender lo importante que es para la sociedad y la economía».

Espero que así haya sido. No obstante, temo que la sombra de la que hablaba sea un obstáculo difícil de superar. Temo que quede en la gente una impresión desagradable y peligrosa, como si los químicos quisiéramos parecer diferentes de lo que somos en realidad. Como si quisiéramos presentarnos (tra) vestidos de verde, pese a llevar encima una bata blanca común, y deseásemos sobre todo en algunos casos esconder un pasado negro.

En este libro he intentado presentar algo de química tal y como es en realidad: lejanísima de las representaciones demoníacas que de ella ofrece el ambientalismo irracional, pero bastante diferente de la imagen que a veces ofrecen los propios químicos. Quitando velos y máscaras, espero haber suscitado el deseo de descubrir cómo está hecho el mundo material y cómo se transforma. Y no solo eso: espero haber provocado el interés por descubrir cómo puede conducirse ese mundo material hacia el bien de la sociedad. Espero, en definitiva, haber hecho saltar la chispa capaz de encender al químico que hay en cada uno de vosotros si sois jóvenes estudiantes decidiendo la carrera que vais a seguir. O, al menos, haber sido capaz de ayudaros a razonar acerca de lo que os rodea, independientemente de la edad y formación que tengáis.

Quizá algunos de mis argumentos no os han convencido. No obstante, confío en haberos puesto en la situación de comprender algo importante: las muchas realidades de las que la química es protagonista no pueden encasillarse en esquemas creados por modas o ideologías. Si el concepto de equilibrio es el núcleo central de esta ciencia (de hecho, lo hemos tratado en muchos capítulos), este es necesario también para juzgarla en sus consecuencias y aplicaciones prácticas. ¡Al cuerno con los eslóganes! Son un patrón inadecuado. Y no os obsesionéis con el verde de la bandera de algunos exaltados que ven en el hombre el cáncer del planeta o que ondea algún químico deseoso de aplacarlos. Abrid los ojos. Mirad bien, con atención, y veréis todo lo bueno y todo lo malo que la química ha traído al mundo. Esta es la base de la que partir para que las consecuencias indeseables se conviertan en un recuerdo y los beneficios sean cada vez más.

Si os convertís en químicos, será también responsabilidad vuestra. Si ya no tenéis edad de matricularos en la universidad, pero estáis informados y razonáis con equilibrio, podréis ejercer una buena influencia en las decisiones de la sociedad. Desde que el ser humano aprendió a controlar y utilizar el conjunto de reacciones químicas que llamamos *fuego* la química ha estado casi siempre presente en el avance de la tecnología. Y en muchos sentidos sigue siendo así. Sufrirla sin comprenderla es la peor condición que os puede tocar.

PARA SABER MÁS

VV. AA. (2002). *Enciclopedia della Chimica*, Le Garzantine, Garzanti, Milán, 2002.

Boeri, Enrico (1996). *Tossicità del monossido di diidrogeno in fase liquida e altre storie*, Morgan Edizioni Tecniche, Milán.

Caglioti, Luciano (2005). *I tre volti della tecnologia*, Rubbettino, Soveria Mannelli (CZ).

Califano, Salvatore, *Storia della chimica*, Bollati Boringhieri, Turín: vol. 1, 2010; vol. 2, 2011.

Cerruti, Luigi (2003). *Bella e potente, La chimica del Novecento fra scienza e società*, Editori Riuniti, Roma.

Fochi, Gianni (2012). *Il segreto della chimica,* TEA, Milán.

Garfield, Simon (2002). *Il malva di Perkin, storia del colore che ha cambiato il mondo,* trad. de Andrea Antonini, Garzanti, Milán.

Joussot-Dubien, Christophe y Rabbe, Catherine (2008). *Tutto è chimica!,* trad. de Laura Bussotti, ilustrado por Yann Fastier, Edizioni Dedalo, Bari.

Nicoletti, Rosario (2009). *Cucina, chimica e salute,* Aracne, Roma.

Righi, Stefano (2011). *Reazione chimica. Renato Ugo e l'avventura della Montedison da Giulio Natta a Raoul Gardini,* Guerini e Associati, Milán.

Sacks, Oliver (2006). *Zio Tungsteno,* trad. de Isabella Blum, Adelphi, Milán.

Sequi, Paolo (1995). *Il racket ambientale,* 21mo Secolo, Milán.

Trinchieri, Giuseppe (2001). *Industrie chimiche in Italia dalle origini al 2000,* ARVAN, Mira (VE).

Vollmer, Günther y Franz, Manfred (1990). *La chimica di tutti i giorni,* trad. de Bruno Marcandalli, Zanichelli, Bolonia.

Zimmer, Carl (2011). *Science ink,* Sterling Publishers, Nueva York.

ÍNDICE